京都大学
アイデアが湧いてくる講義

—サイエンスの発想法—

もと なり
上杉志成

祥伝社黄金文庫

『京都大学人気講義　サイエンスの発想法』改題

プロローグ

この本は京都大学理科系1・2回生向きの全学共通講義の抜粋だ。講義内容の中から、学生に好評だった部分を集約した。

高校までの科学教育は、提示された知識を受容する教育だった。それが中・高校生の主要な仕事だった。いっぽう、大学、企業での研究では、「わかっていないこと」を題材にしなければならない。観察し、アイデアを出し、実行して、自ら知識を生産する。さらにその知識が正しいことを他の人たちに納得させる必要もある。

どんな商売でも、アイデアを出すことが大切なのはよく知られている。アイデアが人を幸せにすることも知られている。しかし、「アイデアを出す講義」を受けたことがある人は少ない。

この講義では生物学と化学の両方を題材にして、アイデアを出す力を養う。歴史の表面をなぞるだけではなく、実際の研究の裏にある人間の考え方を推理する。

結果だけを積み重ねた知識は、すぐに色あせる。私たちの心に響くのは、誰が何を考えてどう行動したかだ。

どんな偉大な科学者でも生身の人間。悩みながら、苦しみながら、楽しみながらアイデアを出している。先人の例にヒントを得ながら、いろいろな方向からモノを見て、自分でいろいろなアイデアを考えてみる。こういった知識生産の考え方や物の見方は、将来どんな仕事をしていても、困ったときに助けてくれるだろう。

高校では、化学と生物学は別個の学問だった。大学では、別個の学問を融合して考えることがよくある。そこにいろいろなアイデアが出てくる。少し前まで高校生だった新入生にとっては、新しい世界だ。

化学は「物事を分子で理解する」という学問だ。生き物の営みは、すべて化学（つまり分子の働き）で成り立っている。生き物の仕組みのすべては化学で語ることができるはずである。

そして、化学は「物質を作り出す学問」でもある。生き物を本当に化学で理解したのならば、生き物の仕組みを化学で人工的に作ったり、化学の力で生き物の営みを操る物質を創造したりすることができる。

そこに新しいアイデアがたくさん生まれるのだ。この分野で、頭脳明晰な世界の科学者が優れたアイデアを出してきた。アイデアの出し方を学ぶには好都合な分野だ。

冬が終わり、春がくる。哲学の道に桜が咲く。そのころに、京大キャンパスの時計台の向かいにある建物の講義室で最初の講義を行なう。第1回講義の日はなぜかよく晴れて、そんな日は樹木が春のにおいを放つ。

私が講義室の扉を開けると、学生たちは友人との会話を中途半端にやめ、椅子に座り直す。視線を感じる。いつも次の一言が講義の始まりだ。

「みなさん、こんにちは。1回生は入学おめでとう。2回生はこの1年間、すっごく勉強しましたね（笑）。昔は私も、皆さんのように清々しい京大生でした。この講義で私がしたいことは、ひとつです。それは私が京大の1、2回生だったときに受けたかった講義をすることです――」

20歳ぐらいのときに聞いておけば自分の人生は変わったかな――そう思える逸話や、自分自身が若いころに吸収して人生が変わった考え方やモノの見方、世の中を変える勇気が湧き出すような話を講義内容に盛り込んでいる。

その内容は、化学や生物学とは一見関係のないような音楽・文学・ビジネスのお話もあれば、身の回りにある事柄をちょっぴり違う角度で考えてみたという小噺もある。

学生はこれらの話を「雑談」と呼んで目を輝かせるが、これらの話の多くはアイデアを出して実行することに収斂する。音楽家も小説家もビジネスマンも、頭を搾ってアイデアを出し、実行しているのだ。

このような話は人生のスパイスになる。教科書に書いてある知識を要約するだけが大学の講義ではない。

この講義にはもうひとつ、大きな特徴がある。

「私が学生のころ受けたかった講義なので、期末の試験はありません」

こう言えば、学生から安堵と笑いが混じったどよめきが起こる。

「しかし、宿題があります」と続けると、またどよめきが起こる。

学生からのアンケートによると、この講義の最大の特徴は「宿題」だ。宿題の題目はとても単純。「講義内容をもとにして研究のアイデアを提案しなさい」というもの。毎週アイデアを思いつく必要がある。そのアイデアをイラストで描いて提出しなければならない。

学生から出てきたアイデアのいくつかは、提出した翌週の講義の最初に講評している。

そのアイデアに似た実際のプロの研究も紹介する。自分のアイデアが評価され比較されるのは、ワクワクするもの。この本でも、そういった学生の宿題を紹介し、講評しよう。

この本を読み終えて、読者のみなさんがそれぞれの分野でアイデアを出し、愛する人たちをアイデアで助けてほしい。そして、それがうまくいけば、もっと多くの人をアイデアで助けてほしい。

人生は短い。できるだけ有意義に生きる必要がある。この講義が、読者のみなさんの幸せの一助になるように願う。

2014年4月

上杉志成（うえすぎもとなり）

目次

Contents

Lecture 第3講

遺伝子の構造を書く

第6講 いろいろな物質を作るアイデア……185

Lecture

第1講

「嫌いなもの」でアイデアをつかもう!

甘いものが好きな饅頭屋と嫌いな饅頭屋、どっちが成功する？

饅頭屋さんが2軒あるとします。ひとつの店の店主は甘いものが大好きです。もうひとつの店の店主は甘いものが嫌いです。どちらが繁盛するでしょうか？

甘いもの好きの店主が売る饅頭は、よく売れそうな気がします。しかし、新しいスタイルの商売を始めて、フランチャイズ展開する可能性を秘めているのは、甘いものが嫌いな店主かもしれません。それは考え方次第なんです。

奈良の県立高校に通っていたころ、私は物理が好きでした。2年生のときにA子という瞳の大きな女の子と交際しましたが、彼女はバスケットボール部の練習が忙しく、デートに出かけたことも手を触れたこともありません。

唯一、息がかかるほど近くにいることができたのは、部活が休みになる試験前、図書室で彼女に物理を教えていたときです。バスケットボールは国体強化選手の腕前ながら、前回の物理のテストは100点満点中5点。物理の先生に「上杉に教えてもらいなさい」と授業中に公言され、彼女は顔を真っ赤にしたのでした。

図書室で懸命に教えました。「わかった？」と彼女の方を見れば、ショートカットの前髪を気にしながら「うん、わかった」と力なく答えます。それを試験当日まで繰り返しました。

採点後の答案が返却されたときの彼女を、周りの景色を切り抜いた映像のように覚えています。廊下にたむろする女子の集団の中から、彼女は満面の笑みをたたえて、親指と人差し指で丸を作って見せました。

後で訊けば、それは「ＯＫ」ではなく「0点」。「好きなことを教えるのは難しい」と痛感したのは、そのときが初めてです。

いっぽうで、私は英語、化学、生物学は苦手でした。記憶することばかりで味気ない科目に思えました。英語の学内順位は1年生のときに350人中345番。人生とはわからないもので、後にアメリカの大学で英語を使って化学と生物学を教えることになるとは思いませんでした。

好きなものには客観性を失いがちです。甘いものが好きだと、みなも好きだと思いがちで、甘いものなら何でも売り出してしまうことがあります。いっぽう、甘いものが嫌いな店主は、工夫します。何とか好きになる方法はないか、甘いものが嫌いな人でも食べてくれる方法はないかと考えるうちに、新しい商売のアイデアを生んで、そのノウハウを他人に教えてフランチャイズ化することもあるでしょう。私の場合、英語、化学、生物学は、自分が工夫して克服した科目だからこそ、学生に首尾よく伝えることができたのかもしれません。

化学や生物学が苦手な方々に言いたいのは、このような逆転が実在するということです。苦手なものの中にチャンスやアイデアがあることを認知してもらいたいのです。

日本に帰国し、卒業以来初めて高校の同窓会に出席しました。恩師を交え卒業生約200人が集まったのは、梅田（うめだ）にあるホテルの宴会場でした。懐かしい顔の中に、彼女、A子を見つけ、物理の昔話で盛りあがりました。彼女のかつての親友が、グラスをことん、と私の前に置いて言いました。

「それ覚えてる！　Ａちゃん言ってたよ。〝上杉くん、一生懸命に教えてくれるけど、ぜんぜんわからへんねん。どうしよう！〟って」

大学の研究内容をわかりやすく説明しろと、２人が身を乗り出して言うので、言葉を選んで説明しました。するとＡ子はワインを片手に言ったのです。

「今回はわかる。上杉くん成長した」

「メルモのキャンディー」を考える研究

彼女らに話したのは、「メルモのキャンディー」のたとえでした。アニメ『ふしぎなメルモ』は手塚プロダクションと朝日放送が制作。１９７１年から１９７２年にかけてＴＢＳ系列にて放送されました。この手塚治虫（てづかおさむ）のアニメは何度も再放送され、今でも多くの人たちの心に残っています。

人の心に訴えるものには、必ず理由があります。主人公の名前はメルモ。小学３年生の女の子です。両親を亡くしたメルモは、魔法のキャンディーを手に入れます。青いキャンディーを食べれば10歳年をとり、赤いキャンディーを食べると10歳若返ります。10歳のメルモは、この不思議なキャンディーを使って自らの年齢と容姿を操作し、幼い弟の親代わりとなり、困難を乗り越え、人々を助けます。

口からとり込んで効き目があるということは、このキャンディーに入っている有効成分は小さな化合物でしょう。小さな化合物（小分子化合物）は腸から吸収され、身体の中に入ります。

もちろん、メルモの不思議なキャンディーは作り話です。本当ではありません。しかし、ここでひとつの仮定をしてみてください。みなさんが研究をしていて、こんな化合物を偶然にも見つけてしまったと考えてください。どうしましょうか。ひとつ考えられるのは、医薬品を作ることです。ベンチャー企業を立ち上げ、抗老化薬として売り出すことを考えるかもしれません。

しかし、それはできるかもしれないし、できないかもしれません。正直に言うと、そう言わねばなりません。

医薬品を作るうえで最も重要なのは、安全性です。この年齢を操作する化合物が本当に安全なのか、長期にわたって服用しても健康に害がないのか、まだわかりません。重篤(じゅうとく)な害があれば、それを薬にすることはできません。害がまったくなければ、薬になります。軽い害があるようならば、それを利用者に広く知らせたうえで、年齢を操作できるという利点とのバランスを利用者に判断してもらいます。

それから、商売が成り立つかどうかを考える必要もあります。こういった判断がまだできない時点では、「薬になるかどうかはまだわからない」と言わなければなりません。

この時点で唯一確実に言えることは、この不思議な化合物を道具にして、「研究」ができるということです。この化合物は、細胞にどのような効果を及ぼしているのでしょうか。身体の中で、この化合物は細胞のどのような働きに作用して、どのようにして年齢を操作するのでしょうか。この不思議な化合物を出発点として、人間の老化について研究することができるのです。

ポパイのホウレンソウ、人魚姫の薬、ドラえもんの「桃太郎印のきびだんご」、ONE PIECEの「悪魔の実」といった化合物が実際にあれば、筋肉の発生、足の発生、感情の調節、細胞の分化や性質について、新たな角度から研究することができるでしょう。

そう、不思議な化合物が見つかれば、不思議な生き物の営みを研究するきっかけになるということです。

生き物に不思議な効果を及ぼす化合物を次々と見つけ、化学や生物学の手法を使って不思議な生き物の営みを研究する——このような学問を「ケミカルジェネティクス（化学遺伝学）」と言います。私たちの研究はそんな研究なのです。

原点は1枚の写真と絵葉書だった

ここに1枚の写真と絵葉書があります。

写真は1995年夏に撮られました。緑一面の芝生があり、その芝を囲むようにレンガ造りの西洋風建造物が並んでいます。芝のところどころに背の高い木が影を作り、芝の中を細い小道が斜めに通じています。深緑の影、緑の芝、白い小道がコントラストをなし、手前では、Tシャツ短パン姿の金髪の子供が走り、その様子を犬が見守っています。

ここは、ハーバードヤード——この写真を撮った当時、私はハーバード大学化学部で研究をしていました。化学と生化学の研究で京都大学から博士号を授与され、渡米。ハーバード大学でさらに化学と生化学の研鑽を積むために、マサチューセッツ州のボストン郊外でアメリカ暮らしを始めました。渡米したばかりの時期は、家具もなく、ダンボールを逆さまにして食卓とし、家内と2人で夕食を食べていました。

ハーバードの教授と最初に面談したときのことを覚えています。彼の最初の質問は、「ここで研究した後、どうしたいか」というものでした。私には研究しかなかった。そして、若さのためか野望もありました。瞬きをしてから、ひと思いに言いました。

「私の目標は明確です。アメリカで大学の先生になることです」

その後、アパートの家具や荷物はふくれあがり、結局、13年間アメリカに根を張ることになるのでした。

絵葉書の方は私が1998年に購入したものです。オークの森の中からビル群がそびえ立っています。遠くにダウンタウンのビル群、そしてその向こうに地平線が見えます。これが、規模で世界一の医療センター、「テキサスメディカルセンター」です。

ハーバード大学での3年半の修業を終えて、私はアメリカで大学教員の職を探し始めました。いくつかの大学で最終選考に残り、幸運にも、テキサス州ヒューストンにあるベイラー医科大学で助教授の職を得ました。

オファーをもらったときのことを、昨日の出来事のように覚えています。生化学部の学部長はコーヒーの入ったマグカップを両手で包むように持って、こう切り出しました。

「今から大切なことを言うよ。ベイラー医科大学生化学部は、あなたにテニュアトラック助教授職を正式にオファーします。全員一致だ。教授陣はみな、君のことが好きで、君にきてほしいと言っている。私の妻でさえも、君にヒューストンにきてほしいと言っている」

テニュアトラック助教授というのは、完全に独立して研究室を運営する助教授のことです。5~7年ほど後に昇進審査があり、それにパスすれば終身雇用の権利を得ることができます。しかも、建設中の研究棟の4階部分に新しい研究室を好きにデザインしていいと言うのです。建物外部は完成しているものの、内部は工事中で、壁もなくがらんとしていました。

「このスペースをオフィスにすると、どうかな」

学部長の声がコンクリートむき出しの壁に響きます。彼の目線を追うように窓の外を見れば、テキサスの青空の下ではためくテキサス州旗と、涼しげに水しぶきを上げる噴水が見えます。「ここには、実験台、こちらには冷温室、ここには試薬棚（しやく）――」

その気になった私は、ヒューストンからボストンに帰る飛行機に乗り込む直前に、これからの職場になるだろうテキサスメディカルセンターの絵葉書を空港の売店で購入したのでした。

なぜ私は化学と生物学の境界領域で研究を始めたのか

私は化学者です。なぜ、ベイラー医科大学という医学校で教員になり、最後には終身雇用の権利まで得ることができたのでしょうか。

P26のグラフを見てください。大学に与えられた米国政府研究補助金（2002年度）の配分を示しています。驚くべきことに、67％が健康と医療に関する保健福祉省の研究補

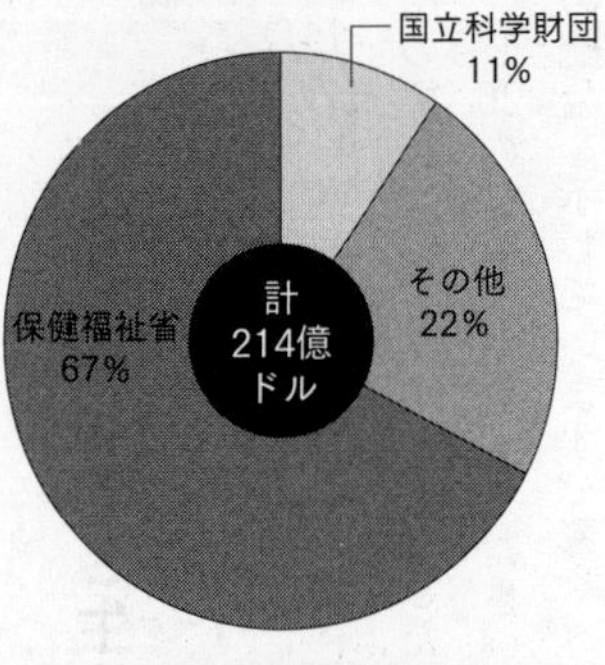

大学への米国政府研究補助金（2002年度）

助金となっています。健康と医療を知識集約産業と位置づけ、医薬産業の覇権を狙う米国の国策が反映されています。

このような傾向は1990年代後半から顕著になり、2002年の段階で、米国政府研究補助金の約半分が医学校に流れました。つまり、米国の医学校はリッチになったのです。

リッチになると拡張したくなりますね。最も必要とされる部門を新しく導入します。そこで米国の医学校が導入したのが、化学部門だったのです。

米国の医学校における生物医学研究には目を見張るものがあります。唯一足りないと考えられたのは「モノ」を生み出す「化学」でした。高いレベルにある生物医学研究に、モノを生み出す化学が参画すれば、基礎と応用の両方で新しい進展が期待されました。

ハーバード大学医学部、スタンフォード大学医学部、カリフォルニア大学サンフランシスコ校、テキサス大学サウスウエスタン医学センター――米国の名門医学校に化学の部門が2000年前後に設置され始めました。

この一環として、当時ハーバード大学化学部で貧乏博士研究員をしていた私にも、幸運が巡ってきたのです。ベイラー医科大学と言えば、南部の名門医学校。まったくの幸運でした。

医学校に潜り込んだ化学者は、化学を駆使して細胞を操作し、理解する研究を行ないました。そして、化学の学校でも、細胞を理解するための生物医学的研究を行なう研究者が多くなりました。生物学と化学の融合領域で新しいアイデアを出す研究者が、爆発的に増えたのです。

生命の営みは、せんじ詰めれば化学的な現象です。それならば逆に、化学を使って生命の仕組みを調べたり、調節したりすることができるはずです。この化学と生物学の融合領域では、アイデアが勝負です。科学者が化学と生物学の両方で物事を考え、アイデアを出して、さまざまな研究が行なわれてきましたし、現在でも行なわれています。

私自身も、アイデアを出そうと常に考えてきました。アイデアがなければ、アメリカという舞台で科学者として生き残ることはできません。夜中にベッドから飛び起きてアイデアをメモする、レストランの紙ナプキンや居酒屋の箸袋にアイデアをメモする、帰宅途中の各停電車の座席で手帳にアイデアを記入する——そんなことを、ほぼ毎日続けてきました。アイデアのほとんどは、翌日に見返してみると何でもないものだったりするのですが、いくつかのアイデアは実行してみるとうまくいきました。

そんなアイデアや発想はどんなところから生まれるのでしょうか。生物学と化学の融合研究や音楽、ビジネス、文学も例にとって、発想の素を探り、生物と化学、そしてアイデア創出法を同時に学ぶのがこの講義です。

選抜試験のための3つのヒント

これで自己紹介は終わりです。

この講義の1回目は、自己紹介と選抜。初回の講義には毎年たくさんの学生が集まりますが、宿題を中心とした講義の性質上、毎年40人に絞ります。ごめんなさい。先日、この講義の裏評判を調査しました。「講義は思い出に残るが、選抜がキツイ」だそうです。

では、選抜を行ないます。

これから白い紙を配ります。次の題目で自由に書いてください。時間は30分です。

「科学に興味をもつキッカケになった経験や言葉」

ちょっとヒントをあげますね。今から言う3つのことに気をつけて書いてみるといいでしょう。

「京都大学に来ると、まわりには頭のいい学生ばかりだね。さて、その中で選ばれるためにはどうしたらいいでしょう。他の人には書けない、もしくは自分しか知らないユニークなことを書いたらどうだろう」

「ユニークなことを書くときに、作り話はいけないよ。真実を書くように。作り話ではなくて、真実だと僕に信じさせるにはどうしたらいいかなあ。ああ、コイツは本当のことを書いているんだな、と思わせるにはどうしたらいいのでしょう」

「でもね、ユニークなことというのは、独り(ひと)よがりなことが多いね。客観的な意見も書いてみるといいよ。雲の上から自分を見ているような感じで、客観的な意見を最後に加えてみたらどうかなあ」

1回の書き物だけで学生を正しく評価し、選抜するのは難しいことです。いろいろと考えて選抜していますが、正しく選んでいるのか100パーセントの自信はありません。しかし、毎年、選ばれた40人はみんな素晴らしい学生です。将来有望。選抜された学生の中には、後に実験アイデアの世界大会に出て入賞したり、総長賞をもらう学生もいます。それぞれ何らかの活躍をするでしょう。

選抜するときに最も重点を置いているのは、私がみなにしているアドバイスにどう対応してくるかです。アドバイスに反応した愛嬌(あいきょう)のある文章を書いてくる若者は、将来大きく伸びる可能性があります。

Lecture

第2講

サイエンス力をつけよう！

選抜試験通過おめでとう！

みなさん、選抜されましたね。おめでとう！

えっ、選ばれなかった人たちがかわいそうだって？　確かにかわいそうですね。しかし、京都大学に入った時点でもうすでに多くの人たちを蹴落(けお)として、かわいそうな人たちをたくさん作ったんじゃありませんか？

かわいそうな人たちに報(むく)いる方法がひとつあります。それは、選ばれた人が活躍することです。夏の高校野球でもそう。負けたチームはかわいそうですね。でも、勝ったチームが優勝すれば負けたチームに報いることができる。

みなさんは選ばれました。せいぜい活躍しましょう。落ちた人がかわいそうだと思う気持ちがあれば、そのエネルギーを自分が活躍するための努力に使いましょう。人のことをあれこれ言うよりも先に、自分の能力を高めて役に立つ人になりましょう。

宿題講評 1 Homework Review

「科学に興味を持つキッカケになった経験や言葉」

選抜試験で書いてもらった経験や言葉の中には、メモしたくなる意見や頷(うなず)いてしまう言葉がたくさんありました。みなさんは年を追うごとにジワジワと科学に興味を持ってきたと思います。本当のところは、ひとつの経験や言葉で科学に興味を持ったわけではありません。そこをあえてひとつに絞って書くことで、自分自身を振り返ることになります。その経験や言葉の中には科学の原点があるかもしれません。

いくつか紹介しましょう。

「すごいだろ」

父親が言っていた。変わったものが好きで、小学生向けの実験工作の付録つきの雑誌などを買ってきては、当時の私にとって不思議いっぱいのものを与えてきた。何の変哲もない言葉だったけれど、自分はからくりを知っているというような、なんとなく挑戦的な言葉で、自分も知りたいという好奇心は生まれた気がする。

科学者の口癖のひとつに、**「すっげー」「すごーい」**があります。米国の科学者も**〝Cool!〟**とよく口にします。この「驚き」は科学の原点と言えます。先の例は、突き詰めれば「驚き」なのです。びっくりした、驚いた、ということから探究が始まります。先の例でも見られるように、驚き方には2つあります。ひとつは「大人が驚いてみせること」。もうひとつは、「自分で驚くこと」です。

人は年齢を重ねると、驚くことが恥ずかしくなります。知っているふりをしてしまいます。もう、そんなごまかしはやめましょう。大人が驚く様子を見せれば、それは子供に伝染します。大人が本気で驚き、興味を持つ様子を見せると、子供は大きな影響を受けます。

京都大学で助手をしているAさんという女性研究者がいます。彼女の父親は数学科の教授でした。小学生のとき「○年の科学」を毎月購入し、親子で楽しんでいたそうです。ある日、付録の工作を楽しみにして家に帰ると、たまたま帰宅が早かった父親が言ったのです。

「す、すまん。待ちきれんかった!」

父親はひとりで工作をしてしまったのです。

彼女の付録の工作に対する思いが強くなったのは言うまでもありません。

いっぽう、子供自身がびっくりした経験というのは、意外と単純な事象です。擦(す)り傷にオキシドールを塗ると泡が出て驚いた、メダカが卵から孵化(ふか)してびっくりした、などがあります。女学生に比較的多いのは、次の例です。

「キレイ」

「キレイ」ただそれだけだった。(中略)小学校高学年だろうか、もしかしたら中学に入ってからだったかもしれない。ふと広げた理科の資料集の写真に目を奪われ、飽きもせずに1時間以上も眺めていた。それはたとえば、再結晶によって作られた食塩やホウ酸の結晶であったり、アンモニアの反応を

> 利用したピンクの噴水であったり、炎色反応やイオンの水溶液であったりした。目の前で魔法のように色や形が変わっていく、理科の実験が楽しくて仕方なかった。いつまでもこの感動を味わいたい、その一心でこんなところまできてしまった。つまり、花火師でもロウソク職人でもとんぼ玉職人でも宝石商でもよかったのだ。

このように美しさに驚いたと書いてくる女学生は多い。特に多いのは「花火」です。この講義はいろいろな国で行なっています。花火の大音量と美しさに「驚いた」と書いてきたのは、ソウルで化学を専攻する女学生でした。ソウルでは9月から10月にかけて花火大会があります。そう考えると、京都の宝が池の花火、宇治川の花火も、科学者を生むのに役立っているのかもしれませんね。日本各地の花火大会は、日本各地で科学者を育てているのかも。

しかし、日常に驚くべきことがゴロゴロ転がっているわけではありません。見逃してしまいがちな事柄に驚いたり感心したりすることができるのは、観察眼や感性があってこそです。そのような心を狙って育てる必要があります。

禅に「喫茶去（きっさこ）」という言葉があります。これは唐代の趙州禅師（じょうしゅうぜんし）の言葉です。くだらない議論はやめてお茶でも飲みに行こう、というのが文字通りの意味。その中にある本当の意味は、お茶を飲むような日常の行為の中にこそ、本当の真理はあるのだということだそうです。日常的なことから何も得ることができなければ、修行や勉学を積んだにしても、それは観念的な自己満足であって、真理の追究や新しいことを開拓することはできないかもしれません。

この講義では、「この1週間で気がついた面白いこと、驚いたこと」を宿題のおまけとして書いてもらっています。観察眼を研（と）ぎ澄ますことができます。そのおまけのひとつは、第7講の最初で紹介しますね。では講評を続けます。

「スープに入っている調味料」

小さいころ、「このスープには何の調味料が入っているのか当ててみなさい」と母親にクイズを出されていました。それに答えるためには、どれとどれを混ぜると、どのような結果になるかということを考える必要があり、そ

——れが化学好きのもとになったのだと思います。

温かいスープ、お母さんのスープ、心のこもったいろいろなスープ。冬の寒い日に、少女が食卓の椅子に座って、足をブラブラさせながら、熱いスープをひと口ひと口すすっては何が入っているのかを考える——そのような繰り返しは、「分析する力」を養います。

何かに驚いたとき、みなさんはどうしますか？　「分析」するはずです。花火に驚いたら、花火はどんな仕掛けなんだろうと思います。それを調べてみる心が探究心なのです。「分析」や「調査」は自分でするものです、自分で行動することが必要。次の例を見てください。

「じゃあ何であんたはユミっていうん？」

これは私が保育園や小学校低学年のときに母から再三（さいさん）言われた記憶のある言葉だ。私は何か母から教わると必ず「何で？」と聞いていたらしく、仕事が忙しくあまりかまうことができなかったのと、文系だったからなのか、母はいつも「じゃあ何であんたはユミっていうん？」と逆に質問し、私が「パパとママがつけたから」と言うと、「そう。だからそれも誰かが決めてん」と何に対してもこれで片づけていた。

最初は「なるほど」と思っていたけれど、何か後味悪いというか、釈然としないので、それからはもう母に聞くのではなく、自分であり得る原因をいくつか挙げて、試行錯誤してみるようになり、その悶々としながら、あーでもないこーでもないと考える過程がとても面白く思えるようになった。

私の性格上、もしあのとき何を聞いても正確な答えを母が私に教えてくれていたら、自分で考えることをしなかったと思うから、感謝したい。

「そんなのお父さんにはわからんから将来頭のいい人になって自分で考えろ」

そのとき初めて私は『自分で考える』ということに目を向けました。それが私が科学に興味を持ったきっかけとなった言葉であり、理由です。

小さな子供は「なぜ」「どうして」と聞くのがあたりまえです。その疑問に答えたり、一緒に考えたりすることで、疑問を持つことを推奨していくのは大切でしょう。そのように一般には信じられています。教育熱心な親はみんなやっています。

しかし、ある程度になると、あえて「突き放す」ことが大切だということが私の調べでわかってきました。例として、某研究所で部門長として活躍しているSさんの経験をお話ししましょう。

「ガメラの口にはマッチが入っている」

幼稚園のころ、怪獣が好きでした。怪獣の本を買って読み、読み進んでいるうちに『怪獣大百科』に行きつきました。知れば知るほど疑問は湧いてきます。ある日、塾を経営していた父親に問いかけました。

「ガメラの口から火が出るのはなぜ？」

「それはな、マッチが入ってるからだ」

そうか！　と思い、幼稚園でその知識を披露し胸を張ると、友だちからはアホ扱いされました。

　またある日、父親が言ってきました。

「実は怪獣みたいなのが昔の地球にいたのだ。なぜ存在していたことがわかるのか。それは、化石があるからだ！」

　愛読書は『怪獣大百科』から『恐竜大百科』になりました。ある日、空き地で遊んでいると、一片の石を見つけます。今から思えば、それは鳥の絵が描いてある茶碗のかけらでした。それを私は「鳥の化石だ」と思い込み、その破片を両手に包み込んで父親に見せます。

「これが何を意味するかわかるか？　これが意味するのは、その空き地は大昔は空だったということだ」

　翌日、幼稚園でまたアホ扱いされたことは言うまでもありません。しかし、ここで私は思ったのです。

「自分で調べるしかない！」


そう、自分で調べることが大切なのです。それが、本当の探究心です。

自分で調べる意欲を育てる良い方法はないのでしょうか。私の調べによると、科学者が育つ家庭にはひとつのパターンがあります。

みなさん初めて自分の意思で本を選んだときのことを思い出してください。それは幼稚園のころではないでしょうか。お母さんと買い物に行ったついでに、本屋さんで買ってもらいましたね。ウルトラマンやアンパンマンの絵本であったかもしれません。それは、折れ曲がらない固い紙でできた数ページの小さな絵本でしょう。自分の意思で選んで買った本には愛着があります。ページがちぎれるほど読み返したのではないでしょうか。

しばらくして、またお母さんと買い物へ行きます。そこで同じような本を指さして買ってくれと懇願したはずです。お母さんの反応には3種類あります。

「このあいだ同じような本を買ったでしょ！」

お母さんの気持ちはわかります。節約も大切ですね。こんな反応もあるでしょう。

「仕方ないわねえ、じゃあ、この同じようなのを……」

優しいお母さんですね。しかし、これではあまり効果的な投資とは言えません。単に子供の言いなりです。この場合、次の反応の方が効果的です。

「さらに分厚い本を買ってあげましょう」

この一言によって、数ページのウルトラマンの本がウルトラマン大百科となり、ドラえもんの本はドラえもんのひみつ道具大百科となるのです。知れば知るほど疑問は湧くものです。いつしか本格的な百科事典を自分自身で調べるようになるのです。それによって、大人と互角の知識を獲得し、近所のおばさんたちからは「××博士になれるね！」といって褒め称えられて伸びていくのです。

そう、自らの意思で高級なものに進んでいく力です。その力の始まりは、お母さんのちょっとした言葉の選択なのかもしれません。

「魔法じゃなくて科学だよ」

僕は小さいころからドラえもんが大好きで、毎週欠かさず見ていた。過去の世界に行くお話などでドラえもんが道具を使うと、その世界の人々は決まって「魔法か!?」と言う。それに対して必ずドラえもんが言う、「魔法じゃなくて科学だよ（大山のぶ代さんが言っているのを想像してください）」という言葉が、自分がサイエンスの道に進んだきっかけとなったのだと思う。このセリフはシリーズを通じて何十回と登場するもので、当然僕も何百回と聞いてきた。

『ドラえもん』は日本人に多大な影響を与えています。しかし、ある学生は『キテレツ大百科』の方がインパクトがあったと書いてきました。ドラえもんは自分が作ったわけでもない未来の道具を四次元ポケットから出してくるだけです。いっぽう、キテレツは、自分で実際に道具を作成しているのです！

自分がしなければいけない。自分が世の中を変えるのだ。自分がアイデアを思いついて、それを実行するのだ、そんな積極的な姿勢が優れた科学者を生むのかもしれません。

世の中には、文句ばかりを言って自分では何もしない人がいます。駅前の居酒屋で上司の悪口や会社の不満ばかり話して自分では何もしないオジサンがいます。議論ばかりで、優れたアイデアを思いつく能力もなく、何も実行できない。実行や解決に結びつかない議論をして一体何になるのでしょう。

やりたいことはあるけれど、できないことを世の中のせいにし、できないときの言い訳だけを考え、だらだらと生きている人は多い。これを打破しなければいけません。こんなオジサンやオバサンになりたくないですね。少なくとも京都大学からそのような人材を輩出してはいけません。

自分に能力がないことをさておいて、不満を言っていても何も変わりません。優れたアイデアを出して、それを実行し、問題を解決しなければなりません。

私が若かったころの日本では、若い大学教員の立場で完全な自由を得るのは難しかった。日本で不満を言うのではなく、リスクをとってアメリカでやってみることを思いつきました。そのために何をしなければならないかを考えました。英語ができないのなら、それは自分の問題。世の中の仕組みのせいではありません。不満を言うばかりではなく、自分で何とかしたい。アメリカの大学の先生になった日本人はたくさんいます。リスクをとって成功した人を「あれは特殊」と言って特別扱いしてはいけない。そう思いました。まだまだ、アイデアを出してやるべきことはあります。自分のアイデアと実行力で何とか世の中に対応し、最終的には世の中を変えたいですね。

この講義を受講していたひとりの学生が言った言葉が印象的です。

「僕は世の中を変えるのは、科学者か、政治家か、起業家しかないと思います。僕は科学者として世の中を変えたい」

日本の若者は捨てたものではありません。

成功のカギを握る2つのキーワード

第1講の選抜試験で、3つのアドバイスをしました。

「京都大学に来ると、まわりには頭のいい学生ばかりだね。さて、その中で選ばれるためにはどうしたらいいでしょう。他の人には書けない、もしくは自分しか知らないユニークなことを書いたらどうだろう」

「ユニークなことを書くときに、作り話はいけないよ。真実を書くように。作り話ではなくて、真実だと僕に信じさせるにはどうしたらいいかなあ。ああ、コイツは本当のことを書いているんだな、と思わせるにはどうしたらいいのでしょう」

「でもね、ユニークなことというのは、独りよがりなことが多いね。客観的な意見も書いてみるといいよ。雲の上から自分を見ているような感じで、客観的な意見を最後に加えてみたらどうかなあ」

みなさんはこの3つを理解し対応できた、もしくはすでにその3つの素養を持っています。だからこそ、選ばれました。この3つのアドバイスは、次の2点に要約できます。

「ユニークさ（独自性）」

「サイエンス力（りょく）」

どのような商売をするにせよ、この2つは成功の鍵を握っています。

この2つを体得すれば成功すると読者のみなさんには保証しましょう。この2つを体得したのに成功しなかったら、研究室に怒鳴り込んできてください（笑）。ただし、ひとつ条件をつけます。「その能力で悪いことはしないでくれ、人の役に立ってくれ」ということです。

悪いこととはどんなことでしょう。法律違反はもちろん悪いことです。しかし、世の中は法律だけではなく「やらない方がいいこと」と「やった方がいいこと」で成り立っています。

私にとってやらない方がいいことの代表は、「困っている人をさらに困らせる商売」です。人の弱みにつけ込み、助けてあげると言いながらも問題は解決せず、何も変わらず単に自分が得するような商売です。これは一種の詐欺です。人の役に立つのは、「問題を解決する」ということです。人の役に立ったとき、困った人を助けたときに報酬があるべきです。

たとえば、美容院に行ったとします。現在の自分のヘアースタイルの問題点を美容師に伝えます。サイドの髪が多すぎるとか、顔がスッキリ見えるようにしたいなどです。美容師は問題解決を図ります。その結果、問題が解決されれば、あなたは喜んでお金を払うでしょう。逆に顔が前よりもスッキリ見えなくなったとか、問題を大きくしてしまったら、お金を払う気にはなれません。「これは詐欺だ」と思うかもしれませんね。そう、人の役に立って成功してほしいのです。

「ユニークさ」と「サイエンス力」は成功のもとだと確信します。この2つの力があれば、世の中の様々な問題を解決して、まっとうな報酬を得て、成功できるはずです。

チームの中で個性を発揮できる人

この2つのうち「ユニークさ」はわかりやすいですね。他の人にはない特徴を持つということ、他人にはできない解決法を提案できるということです。他人には出せないようなアイデアを出すということです。それまでに受けた教育、家庭環境、友人、生活環境が個性を作り上げます。それを自分で意識して伸ばし、うまく利用して、独自のアイデアを思いついてください。

極めて不利な状況に置かれたときに、「ユニークさ」と「サイエンス力」はあなたを助けてくれます。

アメリカで研究室を担当したときに困ったことがあります。英語で分厚い研究計画を書いて研究費を獲得しなければならない。ネイティブが多い中で、英語で講義をして評価されなくてはならない。極めて不利です。その状況で生き残ることができたのは、「ユニークさ」と「サイエンス力」のおかげでした。本当に助かりました。この2つがなければ、破滅でした。

アメリカでは日本的な考え方もユニークさになりました。ユニークさというのは、その人の人生そのものです。**自分しかできないこと、自分がやるべきこと**を常に意識してきました。今後も、この姿勢は変わりません。

「研究は個性だ」とハッキリと言うことができます。個性がなければオリジナルなことはできません。発明もできません。良いアイデアも出ません。製薬企業の役員クラスの方々に「どんな学生が研究所にほしいですか？」と聞いたことがあります。複数の方の答えはこうでした。

「個性は必須。でもチームの中で個性を発揮できる人がいい」

個性の強い人はたくさんいます。しかし、チームの中で個性を発揮できる人はなかないません。個性が強い独りよがりな人は、「研究者」というよりも「オタク」です。チームの中で個性を出せる人は、説得力がある人です。優れた研究やビジネスで成功する方々は、「個性」のみならず「説得力」を持っています。この「説得力」に「サイエンス力」

は大きく関係しているのです。

みなさんの選抜試験の答案には、サイエンスのエッセンスは「探究心」と「実行力」だということが挙げられています。これはなんとなくわかります。実は、それ以上のことがサイエンスにはあるのです。

それはこの**「説得力」**です。

サイエンス力とは説得力のこと

ここで、「科学」と言わずになぜ「サイエンス」と使うのかを説明します。

日本ではどうしても「科学」と言えば「理科」つまり「自然科学（自然の仕組みを科学する学問）」と考えられがちです。しかし「科学」はもともと文系と理系共通の考え方です。理系だけが科学ではありません。確かに、文系にも「人文科学」や「社会科学」などがありますね。さらに「科学」というのは、明治時代に無理やりつけられた翻訳で「その他の学問」という意味だそうです。「科学」だと「サイエンス」本来の意味が薄れてしまいそうなので、ここでは「サイエンス」と言いますね。

サイエンスなんて一般の人たちには関係ないじゃないかと思うかもしれません。ところが実際は、サイエンスは日常生活に密着した考え方なのです。私にとって、サイエンスは生きる技術です。どんなときでもピンチに陥ったときに、サイエンスの考え方はみなさんを救ってくれます。ですから、私はあえてこれを**「サイエンス力」**と呼びます。

たとえば、あなたが化粧品会社に就職したと仮定してみてください。その会社の研究部門は、画期的な商品を開発しました。それは枝毛を完全になくすことができるシャンプー「スーパーシャンプー」です。ある日、あなたは上司から呼び出されます。

「このシャンプーの効き目は抜群だ。間違いない。しかし、売れずに在庫を抱えている。これは会社として大きな問題だ。今、隣の部屋に40人のお客さんを集めたから、説得して全員に何とか売ってくれ。売ることができなかったら、おまえに給料は払わんぞ！　問題を解決せずに給料をもらえば、それは詐欺だ！」

さあ、どうしましょう？　みなさんなら、どのようにしてこの難局を乗り切りますか？

これまで、この質問を国内外の大学や教育機関で学生にしてきました。いくつか紹介しましょう。

回答例１「その人たちの目の前で、自らシャンプーを使ってみせます」

これは優れた回答です。サイエンスではこれを「実験」と言います。実験は人を説得する優れた方法です。だからサイエンスでは実験を行なうのです。しかし、これよりももっと良い回答はこうです。

回答例２「一般の人たちを数人連れてきて、その人たちにこの場で実際にシャンプーを使ってもらいます」

自分でシャンプーを使ってみせるのは良い考えですが、あなたはその会社で働いている人です。「会社とは関係のない人たちに使ってもらう方が「客観的」です。客観性は説得力を確実に上げます。「客観性」はサイエンスでは大切な考え方です。オタクはフィギュアを作る「実験」の腕は抜群でも、「客観性」には欠けます。**客観性こそが「科学者」と「オタク」を分けるキーワード**です。

回答例3「これまでの開発の経緯をプレゼンします」

このシャンプーの効果は魔法ではないということをスライドやパワーポイントを使ってプレゼンをします。どのような仕組みで枝毛をなくすのかを論理的に解説します。そう、「論理」もサイエンスの大切なキーワードです。論理は自分の仲間だけでなくて、万人を納得させる力があります。論理のない人の話を信じることができるでしょうか。できません。

どのようにしたらわかりやすく正確に説明できるかを工夫します。その論理を裏づける「実験データ」も見せると説得力が増しますね。どのようにデータを見せると説得力が高まるでしょうか？

1回の実験データよりも、3回の平均の方が説得力がありますね。実験回数が多ければ多いほど、説得力は増します。昔ながらのシャンプーと比較するのも良い考えですね。比較する対象が多ければ多いほど、納得がいきます。

枝毛にもいろいろあるでしょう。いろいろな枝毛に効くのか、それとも一部の枝毛なのでしょうか？　すべての枝毛に効かないならば、そのように正直に示した方が正しく利用してもらえるし、客観性も上がりますね。さらには、長所と短所を挙げるのもいいですね。特に短所（つまり今後の課題）を語ると客観性が増します。

ありとあらゆる方法で説得力を高めるのです。これを**「プレゼン力（りょく）」**もしくは**「コミュニケーション能力」**と言います。

回答例4「商品の概要をまとめた文章のチラシを配ります」

私たちが行なっている研究の成果は、英文で発表します。発表できなければ、研究をする意味が薄れます。多くの人たちに研究の成果を理解してもらって、議論することで新たな学問や技術が生まれます。サイエンスでは、**「文章力」**が重要なのです。

文章の威力は絶大です。プレゼンでは、その場にいる人たちにしか説明できません。文章であれば、多くの人たちに私たちの論理と実験を広めることができます。

できれば、日本語だけでなく英語の文章があれば、読者層は一気に倍増します。プレゼンと同様、どのように文章を書けば論理的でわかりやすいか、どんな風に書けば客観的で説得力があるかを考え抜きます。

その昔、人を説得する一番の方法は「宗教」でした。「神様がこう教えてくれたから」「聖書に書いてあるから」という具合に人は説得されてきました。現代において人を説得する方法は「サイエンス」です。サイエンスは人を説得する強力な手段なのです。

宗教の力も強いです。しかし、宗教の弱さは、「信心深い人しか説得できない」ということです。サイエンスでは、自分のことを嫌いだと思っている人でさえも説得することができます。

数年前に「サイエンスの力」という臨時授業を出身中学でやったことがあります。この市立中学校は、私が生徒だったころは廊下にタバコが落ちているような中学校でした。先生方の努力の甲斐があって、今はそんなことはありません。

「普通の理科の授業の代わり」という約束でお引き受けしたのですが、当日行ってみると新聞記者や地元のケーブルテレビ、父母の方々、さらには昔の先生方まで詰めかけられ、大きな行事になってしまいました。シャンプーの例を使って、サイエンスの話をしました。最もうれしかったのは翌日の大阪版の新聞記事にあったコメントです。少しやんちゃな生徒の感想が載っていました。

「僕の将来の夢はお好み焼き屋をすることです。お好み焼き屋をするにもサイエンスが大切だということがわかりました」

そう、どんな商売でも人を説得する必要が出てきます。今回の例のようにセールスをする場合でも、新しいアイデアを上司に説明するときも、アイデアを社内でとり上げてもらうときも、人を説得しなければなりません。

サイエンスの力は人生のいろいろな場面であなたを助けてくれるはずです。私は心からそう思います。

Lecture

第3講

遺伝子の構造を書く

タクシーに乗ってきた幽霊の真相

「幽霊を乗せた」というタクシー運転手に会ったことがあります。

小学生のころ、夏休みになると、昼のワイドショーで怪談を特集していました。タクシーが女の幽霊を乗せて京都の深泥池（みぞろがいけ）まで行ったという話を聴いて、夜中にトイレへ行きづらくなりました。ところが学年を重ねるにつれて、幽霊を信じられなくなってきたのです。幽霊を乗せたことがあるタクシー運転手は実在するのでしょうか。

料金メーターが１０００円を超えるようなら、運転手に質問をするようにしています。

「つかぬことを伺いますが、幽霊を乗せたことがありますか？」

「ん〜、私はないですけど、こんな話を聞いたことがあります。それは……」

伝え聞いた怪談の中には身を乗り出したくなる傑作があるのですが、聞きたかったのは幽霊を乗せた「本人」の話です。日本各地で９年間尋（たず）ね続けたにもかかわらず「本人」には出会えずにいました。しかし、ついに２００９年の初夏、京都で「本人」のタクシーに乗ったのです。タクシー歴30年の運転手がバックミラー越しに語った内容は次の通り。

「ああ、怖い。思い出しただけで、鳥肌が立ちます（鳥肌が立った腕を見せる）。25年ほど前の夜中のことです。京大病院前で30歳くらいの女性客を拾いました。暗い感じの女性で気持ち悪かったのを覚えています。上賀茂（かみがも）まで乗せたんですが、持ち合わせのお金がないといって家の中へ入って行きました。待っても待っても戻ってこないので、玄関先までいくと、『忌』と貼ってあります。中を覗（のぞ）くと祭壇があり、その女の遺影が……。怖くなって逃げ帰りました」

私の推理はこうです。京大病院で双子の姉妹か年齢の近い姉妹が病死したと仮定します。姉（または妹）は急いで京大病院に駆けつけたが間に合わず、仏さんは自宅へ帰っていました。元気なく暗い気分でタクシーをつかまえて上賀茂の家に向かいましたが、急いでいたので持ち合わせのお金が足りなかったのかもしれません。祭壇の遺影を見ると泣き崩れてしまって、タクシーを待たせているのを忘れてしまったのでしょうか。運転手は驚いて逃げ帰ったので、うつむいて泣いている彼女に気がつかなかったのかもしれません。

他のベテラン運転手によると、京都では数十年前、タクシー詐欺が頻発（ひんぱつ）していたと言います。持ち合わせがないといってタクシーを待たせ、戻ってきません。運転手が代金を取りに行くと、その家の住人は静かに言います。「うちの娘は2年前に亡くなりましたが」

今回の事例では、祭壇まで作っていますから、詐欺だとしたら随分大がかりです。他にもいろいろな可能性が考えられ、確証に乏しいので結論は出ません。ひとつだけ確実なのは、こんな具合に推理していると、話の怖さが軽減するということです。

小学生のとき、宝塚ファミリーランドのお化け屋敷に震え上がりました。でも、お化けが大学生のアルバイトだと推理すると、霧が晴れたように怖くなくなりました。お化けの正体を推理して、お化けが怖くなくなる。結局、幽霊が怖いのではなく、正体が「わからない」ことが「怖い」のです。別の言い方をすれば、わからないことを推理したり解明せずに放っておくと、怖くなるのかもしれませんね。

第3講では、遺伝子という「お化け」の正体を推理できるようにします。遺伝子は生き物の設計図です。その化学構造を書き、理解し、そして人工的に遺伝子を作ることができれば、遺伝子を理解したと感じることができるでしょう。

わからないこと、つまり怖いことを理解し、作ることができれば、いろいろなアイデアが生まれます。そのアイデアも紹介しましょう。

私たちがエッチなのは遺伝子のせい

さきほど遺伝子は生き物の設計図だと言いました。遺伝子も煎(せん)じ詰めれば、化合物でできています。この遺伝子という化合物を、私たちは「持っている」と考えがちです。ところが実は、私たちは**遺伝子という化合物に「持たれている」**のです。

では私たちの遺伝子はどこからきたのでしょうか。

それは親から受け継がれたものですね。親の遺伝子はそのまた親の遺伝子から。私たち自身は年を取ると、死んでなくなってしまいます。私たちはタンパク質の塊(かたまり)です。死ぬと、灰になります。しかし、その遺伝子の遺伝情報だけは子供に受け継がれます。

結局、遺伝子という情報を伝えるために私たちは生かされています。生き残り続けているのは、遺伝子なのです。遺伝子は私たちの身体を利用して、子供を産ませ、自分たちだけが生き延びているのです。ウイルスのように私たちを利用して生き延びているのです。

そのため、私たちの行動は、かなりの部分で「遺伝子を伝達する」ということに本能的に制約されています。男子学生は、「美人な女の子とつき合いたいな」と思います。美人とつき合って、結婚して、子供が生まれると、これまた美しい子供である可能性が高い。美人はモテるので、またまた子供が生まれ――という具合に遺伝子を伝えるように仕込まれているのです。女学生は、「美男子がいいな。できれば、経済力もあって」と考えるかもしれません。美形の子供が生まれ、さらに子供を育てるのに十分な経済力があるのは「遺伝子の伝達」には好都合です。

「遺伝子の伝達」ということに着目すれば、巷(ちまた)で異性にモテる男女の分析ができます。その分析を少しだけご紹介しましょう。

男性で言えば、手足の長い人がモテます。しかし、なぜ手足の長い男性が女性にモテるのかを考えた人は少ないでしょう。手足の長い男性がモテる理由は、「先端」を決める遺伝子の指標になるからだと考えられています。手足の長さ、鼻の高さ、指先の長さといった指標は、先端の決定にかかわっています。これは、男性の生殖器の長さを決めているのも同じ遺伝子だと考えれば理解できます。女性は本能的に男性の生殖機能を容姿から判断しているのです。男子学生にアドバイスするのは、できる限り手足を長く見せ、指の手入れや動かし方に気をつけろということです。

逆はどうでしょうか。

男性は腰のくびれた女性に本能的に興味を持ちます。なぜでしょうか。まず、骨盤が大きくならないとくびれは出ません。骨盤が出産に重要であることは容易に理解できます。骨盤が大きくてもくびれが見えない場合もあります。現代では、若い女性で腰がくびれていないとすると、原因は太りすぎが考えられます。しかし、食料の少なかった古代では、若い女性の腰がくびれていない理由はひとつしかありません。

それは、妊娠です。

妊娠中の女性に男性が興味を持っても子孫は増えません。遺伝子は伝わりません。腰がくびれているということは、骨盤が大きくてしかも妊娠していない、つまり、子を産み遺伝子を伝達できる女性だというサインなのです。女性の服に腰のくびれを強調するものが多いのはこのためでしょう。

このように、男女の好みのかなりの部分が「遺伝子の伝達」ということに支配されています。大人になるとどうしても「遺伝子を伝達できそうな」異性とつき合って、エッチなことをしたくなります。エッチなことをすると気持ち良くなるようにも仕組まれています。それはみなさんのせいではなくて、遺伝子が命令しているのです。遺伝子が生き残ろうとするための本能――いや、そう命令する遺伝子だけが淘汰されて残ってきたのです。

遺伝子の本質を理解すれば、異性にモテる方法や服飾のデザインのアイデアも湧いてくるかもしれません。遺伝子を伝達できそうに見せたり振る舞ったりすればいいのかもしれない！　しかし、ここで言いたいのは、それではありません。遺伝子の本体は伝達すべき「情報」ということです。

遺伝子の構造は情報を伝えるような仕掛けになっているはずです。

生命の設計図はアルファベット4文字で書かれている

情報はどのように遺伝子に書き込まれているのでしょうか。

それは遺伝子の本体であるＤＮＡ（デオキシリボ核酸）という長い紐に書き込まれています。長い紐に生命の設計図が書かれているとすれば、その情報を書いている文字があるはずです。ＤＮＡをバラバラにすることで、その文字の正体がわかっています。

A（アデニン）、G（グアニン）、T（チミン）、C（シトシン）という4つの化合物です。これらの化合物を科学者はDNA塩基と呼んでいます。

これは発見当時革新的でした。驚くべきことでした。この複雑なあなたの身体が、たった4つのアルファベットで設計されている！　しかも、この4つは、下等な細菌から高等な人間まで、まったく同じです。高等になればなるほど、設計図には情報量が必要。人間は高級なので、人間だけアルファベットが5つか6つ、いやいや10個あっても良いのではないか？　4つだけでは、単純なことしか書けないのではないか？　と発見当時は考えられたでしょう。

しかし、現代に生きる私たちは知っています。コンピュータでは0と1の2文字だけで情報をやりとりしているにもかかわらず、複雑な計算をしています。たった2文字でも情報の長さを長くすれば複雑な情報を書くことができるのです。

4文字でもDNAという紐の長さを長くすればいい。人間の設計図は、この4つのアルファベットが約31億個並び、みなさんひとりひとりを特徴づけているのです。この「並び方」を伝えるために、私たちは生かされていると言って良いでしょう。

この4つのアルファベットは、化合物です。つまり、遺伝子は化合物のひとつです。中学や高校で習った元素記号で書き表わせます。私たちは元素記号を使って、遺伝子そのものを書き表わすことで、その正体に迫ることができます。

中には、化学式が出てきた瞬間に本を閉じてしまう方もいらっしゃるかもしれませんが、これがわかればとても面白い世界が開けてきます。わからないところは流し読みしながら、先へ進んでください。それでもついてこられますから。

「がんそ」記号ではありません

化学では**元素記号**という文字を使います。これは言語で言えば、文字にあたるでしょう。複数の元素が集まってできた分子が化合物です。言語にたとえれば、単語になります。その単語が集まって文章になるように、生き物は化合物が正しく集まってできています。

この元素記号という文字は一般の人たちに人気がありません。まったく残念です。日本に帰国して、大阪の科学館へ行ったときのことです。最上階から低層階に、らせん状に並べられた展示は、物理、化学、生物の順になっています。化学の元素記号表を眺めていると、家族連れがやってきました。そのお母さんが言った言葉が印象的です。

「あっ、ここ化学やん。とばそう！」

化学の部門をとばして生物部門へ行ってしまうのでした。また、他の家族のお母さんが、子供に向かって言います。

「あっ、これ知ってる！ 中学で習った！ なつかしいなあ。『がんそ記号』やん！」

元素記号という化学の言葉が世間で親しまれてないことがわかります。

高校生のとき、英語も化学も苦手でした。英単語を覚える、熟語を覚える、元素記号を覚える、化学構造式を覚える――覚えるばかりで、味気ない学問に思えました。

ところがあるとき、英語に興味を持つことができました。その理由は、「実際」を感じたからです。太平洋の向こうへ行けば、英語を話している人たちがいます。恋人たちは英語で愛を語る。親は子供たちに英語のおとぎ話を語る。詐欺師は巧みな英語で人を騙す。科学者は英語で発見を伝えます。

化学も同じ。日常の生活を注意深く観察すると、化学を利用した技術が目立ちます。電気冷凍庫で氷ができる。薬が人の病気を治す。若い女性が丈夫で暖かいストッキングをはく。美容院で髪を染める。割れないガラスを作る。誰か生身の人間が、元素記号を使って、アイデアを絞り出し、世の中で役に立つ化学製品を生み出してきたんだろう――そう考え始めました。すると、英語も化学も「生身の人間」を感じる人間味豊かな学問に感じられたのです。

どの科目も誰かが「面白いな、不思議だな」と思って研究した成果です。それを面白い、不思議だと感じることができないのは、そう感じる想像力がないからです。想像力を働かせて初めて、英語や化学に興味が出てきました。

まずは「CHON」の4つを覚えよう

この世の中にあるものはすべて元素記号の組み合わせで書くことができます。

2種類以上の元素が組み合わさってできる分子のことを化合物と言います。たとえば、水（H_2O）は水素2個と酸素1個が組み合わさってできた化合物です。

ここで大切なのは、水素と酸素が組み合わさってできた水は、水素や酸素とは異なる性質を持つということ。いろいろな元素を組み合わせれば、さまざまな性質を持った化合物を作ることができます。

元素は約100種類ありますが、ここでは全部を覚える必要はありません。基本は**H（水素）、O（酸素）、N（窒素）、C（炭素）**の4つ――この4つの組み合わせで、生き物の営みを説明するかなりの化合物ができています。

中学と高校で習ったように、このそれぞれのパーツには「手」があります。H（水素）に1本、O（酸素）に2本、N（窒素）に3本、C（炭素）に4本です。元素同士が手をつないで（結合して）、化合物になります。

実はこのつないでいるものは手ではなくて、本当のところは電子の雲がそこにぼんやりとあり、安定な状態を探している、というのが実際の状態です。今日の講義では、手ではなくて「お友だち関係」としてみましょう。ひとりでいると不安だけれども、気の合う友だちがいると安心で心強いことに似ています。また、この方がぼんやり感も出ますね！

世の中には友だちが少ない人も多い人もいます。ひとりだけしか友だちがいないのはH（水素）。O（酸素）は2人、N（窒素）が3人。C（炭素）は同時に4人とつき合えます。Hさんはそれ以上友だちの輪を広げることができず、友だちを友だちに紹介できません。Cさんは友だちが多く、常に人間関係の中心となります。CさんやNさんの数が多ければ、OさんやHさんとの組み合わせで多様な人間関係ができあがります。この人間関係のグループが、化合物です。

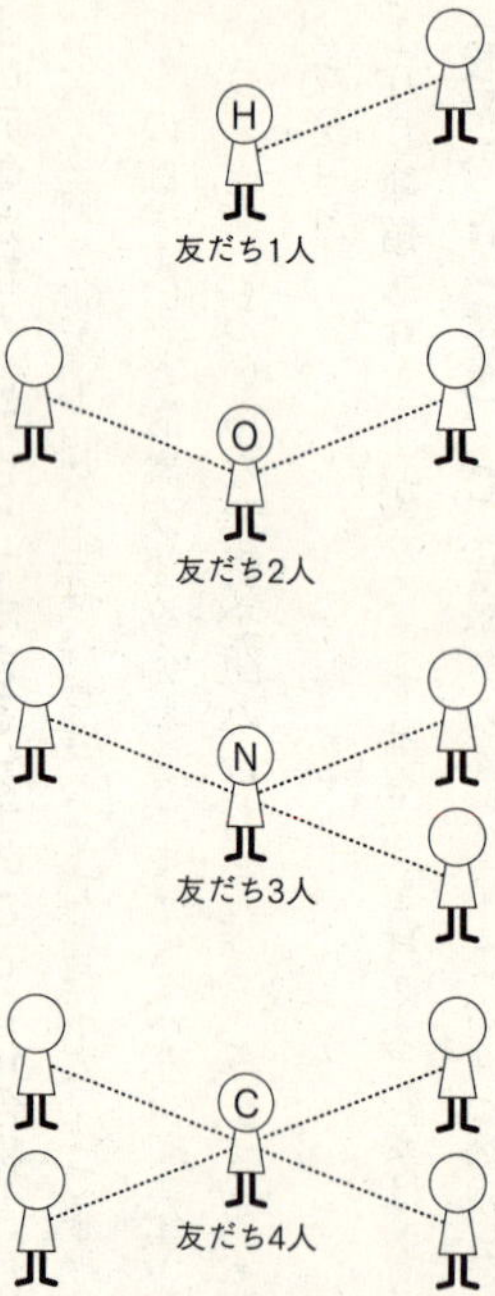

CHONにはそれぞれつき合える友だちの数が決まっている

Cさんが絡（から）まないと、H_2Oのような小さな分子になります。逆にCさんやNさんが絡むと、大きな化合物もできます。

まるでレゴブロックのように、多様な組み合わせが可能です。人間関係でも、さまざまな人間関係があります。小さなグループを作る人たちがいれば、大きなグループを作る人たちもいるでしょう。

面白いのは、2つ3つの手をお互いに使い合って、「深い関係」を作ることもできます。これによって、さらに複雑な組み合わせが可能となり、化合物の性質も多様となります。

たとえば、こんなこともできます。CさんとHさんが6人ずつ集まって、輪を作り、べ

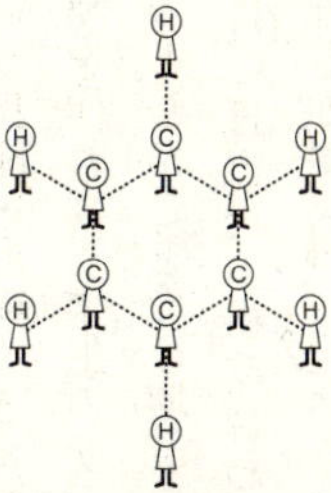

輪になると強固な
友だち関係になる

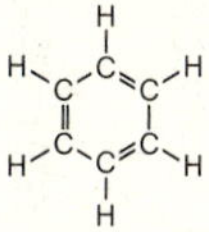

ベンゼン環の構造式

ンゼン環（かん）という集団を形成できます。人間でも、お互いが輪のように関係して補（おぎな）い合ったお友だち集団を作れば、学生のサークルのように強固に団結した集団になりますね。こうなるとちょっとしたことでは壊れない関係です。

このようにCHONの組み合わせで多くの化合物を作ったり、説明することができます。多くの部分が集まって全体を構成し、その各部分が互いに影響を及ぼし合っている様子を、「有機的（Organic）」と言います。ですから、CHONを使ってさまざまな物質を系統的に作ったり、理解する学問を、「**有機化学**（Organic Chemistry）」と言うのです。

遺伝子の化学構造を書いてみよう

では、本題に戻って……。4つのアルファベット（DNA塩基）の化学構造を書くと次の図のようになります。これらの化学構造は「大学の書き方」で示しています。大学の書き方では、CとHを省略するのです。詳しくはP86を見てください。

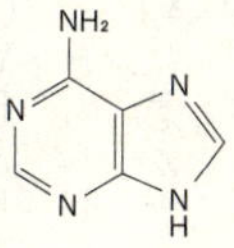

アデニン（A）

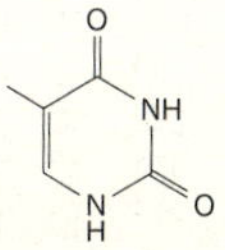

チミン（T）

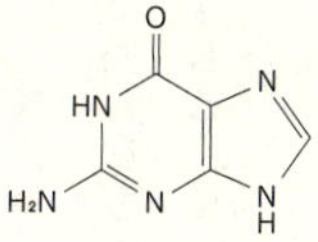

グアニン（G）

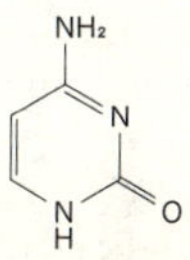

シトシン（C）

いずれもＣＨＯＮしか使っていません。まるでレゴブロックの世界ですね。すべて環になっていて、安定なグループを形成しています。環になっていると、お互いに手を取り合うことで分解されにくくなるのです。

４つのアルファベットが発見された当時、大きな謎がありました。ＤＮＡの本質にかかわるこの謎は、コロンビア大学のアーウィン・シャルガフ博士が１９５０年に発見したひとつの実験結果です。

「DNAを取り出してバラバラにすると、どんなときでも、AとT、GとCの数はほぼ等しい」

人のDNAの場合、A＝30・9％、T＝29・4％、G＝19・9％、C＝19・8％です。確かにAとT、GとCの数はほぼ同じ。おそらく誤差の範囲で同じでしょう。どうすれば、そんなことになるのでしょうか？ 4つの化学構造の中にその答えがあります。この謎を解くには、ひとつの耳慣れない化学概念をどうしても理解する必要があります。

「非共有結合」です。

化合物にもあるLOVEとLIKE

LOVEとLIKEの違いは何でしょう。

もっともらしい説明があります。LOVEとは異質なものに惹かれることで、LIKEは同類に惹かれることだそうです。だから、LIKEには「似ている」という意味があるのです。

男と女は異質だから惹かれます。それだけでなく、まったく異なる環境に育ち、国籍も異なり、学歴も職業も違う男女が惹かれ合うということがあります。異なる道を歩んできた2人が同じ時代に偶然に生きていて偶然に出会い、惹かれ合う——この異質を求め合う力がLOVEではないでしょうか。

いっぽう、同じような感性、価値観を共有する人を求め合うこともあります。これがLIKEです。それは男女関係よりも友だちの場合が多いかもしれません。しかし、ときには恋人や配偶者に当てはまることもあります。異質な中にも共通のものがある——かなりの男女の仲は、そんなLOVEとLIKEが入り交じった感情でできあがっているように思います。

化合物にも、LOVEとLIKEがあります。この比較的弱く柔軟な結合を「非共有結合」と言います。生命の柔軟性の一部を担（にな）っていると考えられています。

身体を形作る分子のほとんどは、CHONが手を取り合ってできていることは話しました。このように手と手を取り合っている結合を**「共有結合」**と呼び、この強固な結合はくっついたり離れたりするのが容易ではありません。いっぽうで、「非共有結合」はくっついたり、離れたりできます。

共有結合を家族の絆（きずな）に譬（たと）えれば、非共有結合は男女の仲のようなものでしょう。くっついたかと思えば離れ、離れたかと思えばくっつきます。しかし、特殊な事情が重なれば、家族の絆のように大切になったりするのが不思議。非共有結合も、生命現象では極めて重要な働きをします。DNAの構造を理解し、生命の根源に迫るには、この非共有結合という難解な概念を理解する必要があります。

ここでは、DNAやタンパク質の構造と機能を理解するうえで極めて大切な非共有結合を2つだけ説明しましょう。ひとつはLOVEで、もうひとつがLIKEの性質を持っています。

シャルガフ博士の謎の答え

化学ではLIKEの概念は理解しやすい。たとえば、油です。油と水を混ぜると、油は集まります。水を避けるように、油同士が集まります。油っこい物質同士が集まるこの非共有結合を「疎水性(そすいせい)結合」と言います。タンパク質の構造や薬物の相互作用を理解するうえで大切な結合です。

いっぽう、異質なものが惹かれ合うLOVEはどうでしょうか。左図には水分子（H_2O）が3つ描いてあります。破線で描いた結合に着目してください。

もともと元素は、原子核とマイナスの電荷(でんか)を帯(お)びた電子から構成されています。NやOは一般的に電子を強く引っ張る性質があります。左図の中央の水分子のOは電子に飢えて、隣にあるHから電子を奪おうとしているのです。そのため、Oの隣にあるHは電子が

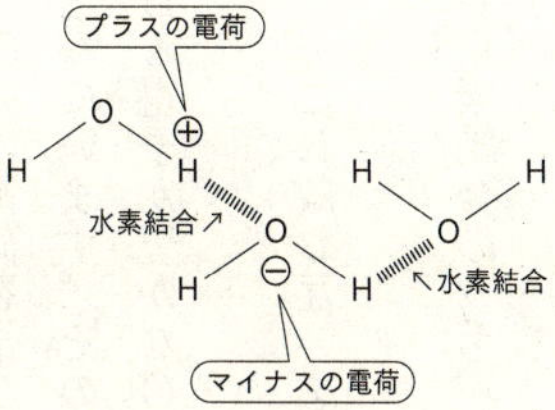

**LOVEの結合では
異質なものが惹かれあう**

欠乏していてちょっぴりプラスの電荷を帯びています。いっぽう、OはHから電子を奪ううえに、電子を2つ溜め込んでいます。そのためちょっぴりマイナスの電荷を帯びています。電子が欠乏しているHと電子が豊かなOやNとはお互いに惹かれる——これを**「水素結合」**と言います。

異質なものがくっつく——これはお互いを補い合うこと、つまり相補的であることなのです。

私たちの体の中で起こる水素結合のうち、よく見られるものを以下に挙げます。

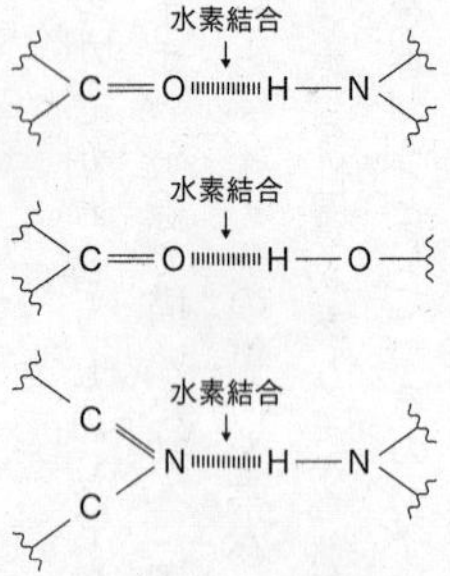

**私たちの体の中で
起こっている水素結合**

さあ、これを見て気がつきませんでしたか？　ＤＮＡの４つのアルファベットの構造（Ｐ75）をもう一度よく見てみましょう。水素結合を起こしそうな部分がたくさん見られます。４つのアルファベットを使って、たくさんの水素結合ができるように描いてみましょう。すると、左図のようになります。

そう、これがシャルガフ博士の謎の答えなのです。ＧはＣと、ＡはＴと対になっていたのです。対になっていれば、ＧとＣ、ＡとＴの数はそれぞれ同じになるはずです。シャルガフ博士はこの謎を自分で解けなかったために、ノーベル賞を逃すことになるのでした。

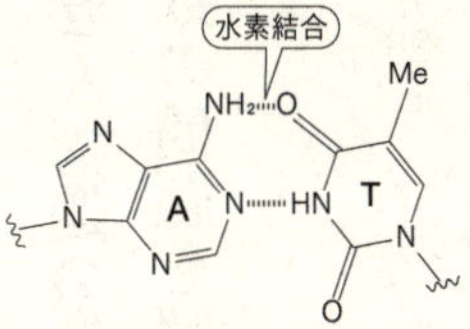

ＡとＴが対になる

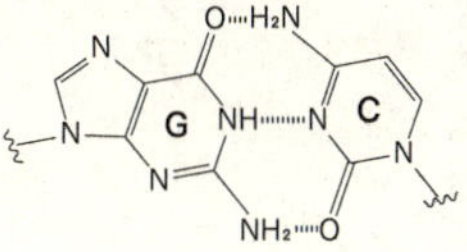

ＧとＣが対になる

二重らせん構造の発見
——複数の問題を解決するアイデア

1953年2月28日、フランシス・クリック博士は英国ケンブリッジのパブで叫びました。「生命の秘密を見つけた！（We had found the secret of life!）」ケンブリッジ大学のジェームズ・ワトソン博士とフランシス・クリック博士は、その日の朝、これまでの謎をほぼすべて説明できるDNAの構造に気づいたのでした。この構造で、「GとC、AとTは、水素結合で対になる」と提案し、シャルガフ博士の謎をスッキリと解いてみせました。

遺伝子は情報だと言いました。DNAは伝えることを使命とした物質です。正確に伝えるためには安定でなければいけません。対になるということは、ひとつが決まればもうひとつが決まるということ。私たちの身体の中にある遺伝子は、間違いが起こらないようにバックアップ機能を備えているのです。紫外線などによって、DNAの情報配列に損傷が起こったとしても、対になっていれば、正しく修復することができます。たとえば、TGAACCという配列があるとしましょう。このＡＡ部分が何らかの障害によってなくなってしまったとしても、その対となる配列が無事であれば、配列情報は修復されます。

ジェームズ・ワトソン博士とフランシス・クリック博士が提唱したＤＮＡの対構造は、美しいらせん状に並んだ構造です。これが遺伝子本体。微生物などの下等な生物から、ヒトなどの高等な生物まで、生物に共通な構造です。

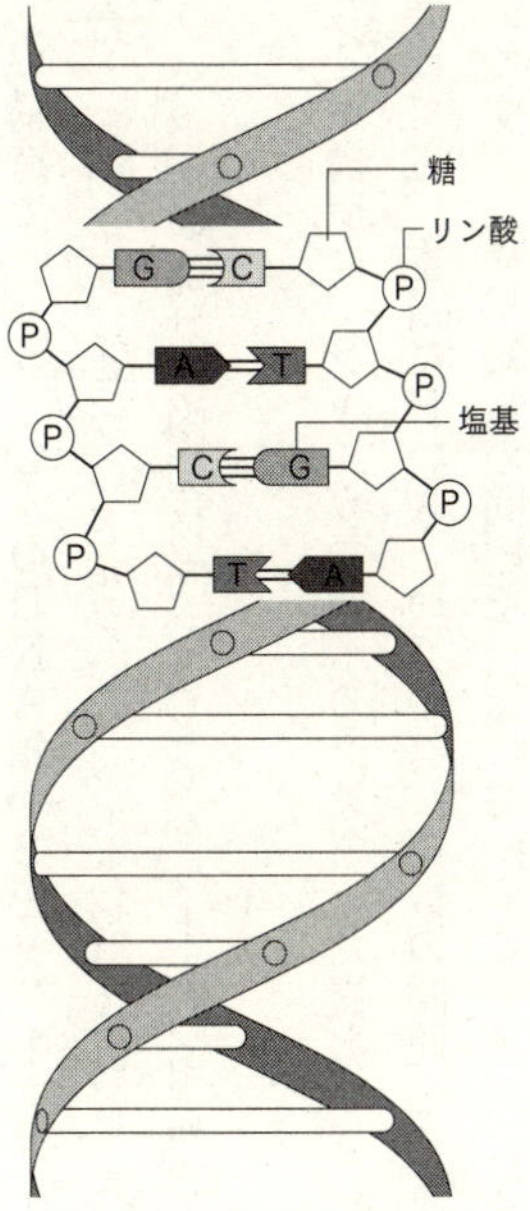

らせん状に並んだDNAの対構造

なんと美しい構造でしょう。2本のDNA鎖が2色ソフトクリームのバニラとチョコのように絡み合っています。4つのアルファベットは糖と燐酸によって結ばれて紐状になり、アルファベットの部分が内側に向くことでもう1本の相補的な紐と絡み合っています。

この二重らせん構造は、シャルガフ博士の謎を含めた複数の謎を一気に解決するものでした。どの時代でも、本当に賢い人というのは、複数の問題を一気に解決するアイデアを思いつくものです。いや、複数の問題を一気に解決するアイデアを出す人が、本当に賢い人なのです。

遺伝子は情報を伝達する。そのため、バックアップを持った対構造になっています。さらに、細胞が増えるときには、対となる紐がほどけ、それぞれに相補的な紐が合成されます。伝達するため、増えるために適した美しい仕掛けです。

ワトソン博士は後にあるインタビューで語っています。

「DNAは遺伝情報を運ぶ物質です。だから、構造は不均一でなければいけません。いっぽうで、DNAは結晶を作ります。ということは何らかの均一な構造を持つと考えたのです。不均一な部分（アルファベットの部分）は内側にして向かい合わせ、外側が均一な構造を考えたのです」

みなさんも、複数の問題を一気に解決するようなアイデアを将来出せるといいですね。そのためには、複数の問題を常に意識する必要があります。問題を意識していないのに、良いアイデアを思いつくことはまずありません。

まず、ひとつの問題を解くアイデアをたくさん出して、その中から、意識している他の問題のひとつも解けてしまうようなアイデアを選びます。そのアイデアがたくさんあれば、その中から、さらにまた他の問題も解けてしまうアイデアを選びます。そうすれば、3つの問題を一気に解決するアイデアになりますね。

第3講はここまでです。それでは、宿題を出します。みなさんがどんなアイデアを出してくるのか楽しみです。宿題のお題はこれです。

「今回の講義内容をもとにして研究のアイデアを練り、そのアイデアをイラストで表わしなさい」

特別講義　大学での構造式の書き方

ここまでに示した構造式は、高校での書き方でした。大学生になるとさらに複雑な化合物を扱います。だんだん書くのが面倒になるので、大学生になると、省略して書きます。

ためしに、ブタンを書いてみましょう。高校生のときの書き方はこうでしたね（右上）。

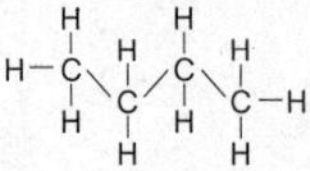

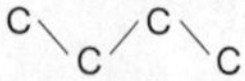

まず、CについているHはすべて省略します。

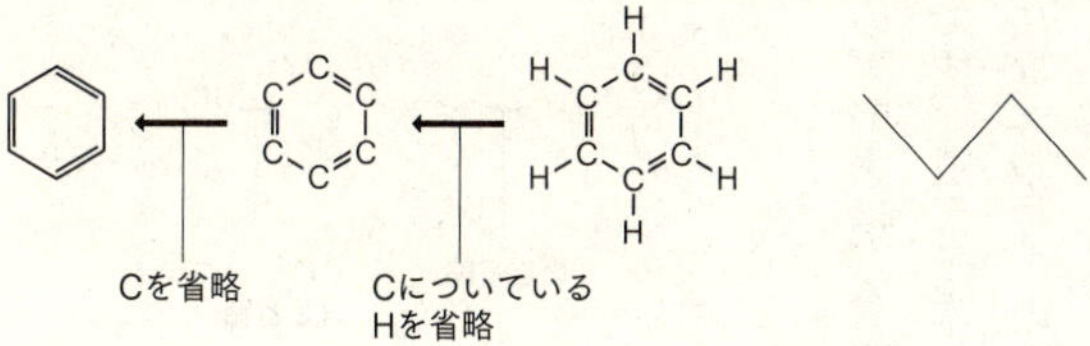

さらにCも省略します。Cを省略すると、Cのあったところがつながって、折れ線になります。これが大学でのブタンの書き方です。

ベンゼン環については、すでに高校のときから省略して書いていますね。

CとHを省略して、このように線だけで書きます。

この書き方を使うと、頓服（症状が出て必要なときに1回ですぐ飲む薬）のアスピリンはこのように書けます。

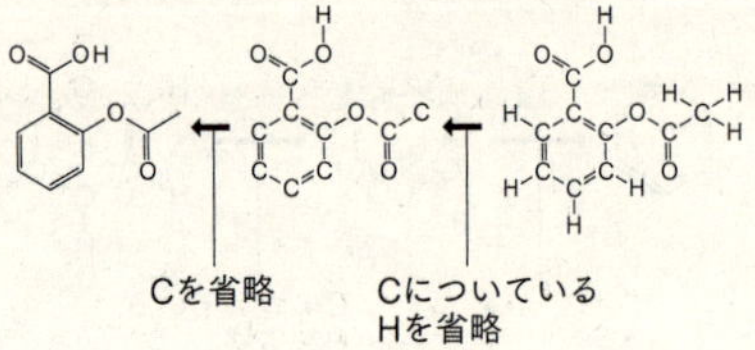

化学の専門家は、省略して書きます。これによってかなり複雑な化合物が書けるようになるのです。遺伝子本体の構造も書けます。しかし、その省略によって、化合物は一般の人たちには「暗号」のように見えてしまいます。こんな理由で、化合物が「お化け」になってしまうのです。なんだ、「お化け」は単なる「省略」だったのですね。

Lecture

第4講 遺伝子を作る

「変だな」「どうなってるんだ」

みなさん、こんにちは。みなさんの宿題を拝見しました。いろいろなアイデアがありました。みなさんはどうやってそのアイデアを思いついたのでしょう。アイデアを出すためのヒントとして、今日は最初にお話をします。

ショートミステリーの名手、阿刀田高(あとうだたかし)氏によると、「少し変だな」と感じるとき、その周辺に新しい小説のアイデアが埋(う)まっていると言います。

たとえば、酒場で飲んでいるとき、飲み始めはゆっくりと時間が過ぎるけれど、気がつけば終電間近ということがあります。

「――少し変だな――の始まりである。理由は、酔ったぶんだけ意識がにぶくなるからだろうが、それではつまらない。――だれかがオレの時間を盗んでいるらしい――盗んだやつは、それを自分の時間として使う。だからその人は年を取らない。そう言えば、酒場には、なかなか年を取らない美人のママがいて……」(阿刀田高『殺し文句の研究』)

この酒場での「変だな」は『酔い盗人』という作品になっています。

新しいアイデアは「変だな」「どうなってるんだ」という「問い」から生まれるもので、「答え」から斬新なアイデアが生まれることは稀です。学生のみなさんは「答え」を出すことを重要視しがちですが、「問い」を出すことを軽視してはいけません。問うことで、学問の問が先導して、学がついてきます。

この講義の内容を学んでいるときに、「変だな」「どうなっているんだ」という問いが湧き出てきますか？　頭が冴えていれば、いくつかそんな問いが頭に思い浮かぶはずです。その中から、自分しか思いつかないような問いを選んでみましょう。みなさん自身が「変だな」「どうなってるんだ」という独自の問いを思いつけば、その問いは学問やアイデアに結びつく可能性があります。

何事でも、問いを思いつかないと寂しくなります。逆に、小さなことでもいつも問いを考えると、楽しいですね。問いの本質は好奇心や探究心――苦しいことを楽しみに変えることができます。あの山の向こうには何があるのだろう、絶世の美女がいて美味しい食べ物でもあるのではないかと考えると、登り道での足取りは軽くなります。

いつも問いを想像して、アイデアを出してみましょう。すると、しんどいと思っていた勉強をするときでさえも、嫌だと思っていた仕事をするときでさえも、眉間(みけん)に皺(しわ)が寄らなくなるのです。

アイデア発想の定石(じょうせき)、SCAMPER(スキャンパー)法とは

問いを想像すれば、アイデアの糸口となります。その他にも、アイデア発想の手口には定石(じょうせき)があります。アメリカでよく使われるのは「SCAMPER(スキャンパー)法」と呼ばれる手法です。

これはアイデアを出すための7つのチェックリストです。「ブレーンストーミング」の名付け親でもあるアレックス・オズボーンによって開発され、創造性開発の研究家ボブ・エバールがまとめあげたものです。

この手法を使う上でひとつ問題があります。これは有名な手法なので、みなが知ってい

るということです。なかなかオリジナルなアイデアを出すのは難しいですね。しかし、定石を知っておくのも大切でしょう。

ＳＣＡＭＰＥＲはアイデアを出すときの方法を頭文字でつないだものです。ひとつひとつ説明していきましょう。

S = Substitute「取り替える」

物事は要素（部分）の集まりで成り立っている場合が多いですね。それぞれを何かと取り替えてみます。すると、新しいアイデアを思いつくことがあります。自分の手持ちの問題や事象があれば、それとは本質的に異なる別の問題や事象を考えてみます。そして、その要素や目的を取り替えてみるのです。

先に話した阿刀田高氏の例を挙げましょう。小説には幽霊がよく出てきます。幽霊は3つの感覚をよりどころにしていると、彼は考えました。「見る」「聞く」「触る」です。幽霊のほとんどは見えるものですが、『牡丹灯籠（ぼたんどうろう）』のお露（つゆ）さんはカランコロンと下駄（げた）の音を立てて登場します。これは聴覚。得体の知れないモノが頬（ほお）を撫（な）でるような幽霊もあるでしょう。これは触覚です。

人間の感覚は5つあるじゃないか――。

嗅覚の幽霊、味覚の幽霊はないだろうか。阿刀田氏はそう考え、死んだ女が愛用していた香水のにおいが、深夜のエレベーターの中から漂い出て、廊下を歩くというアイデアを思いつきました。味覚のほうは、死んだ愛妻の得意の味付けが、ある日にわかに男の口に広がるというアイデアを思いついたそうです。幽霊の味覚と男の味覚がすり替わったのですね（前掲『殺し文句の研究』）。

みなさんの宿題には、「取り替える」アイデアがたくさんありました。宿題の解説で、詳しく説明します。

C＝Combine「組み合わせる」

問題を組み合わせる、目的を組み合わせる、要素を組み合わせる、アイデアを組み合わせる――組み合わせ方には、いろいろあります。組み合わせることで発想が活性化されたり、複数の問題を同時に解決できることがあります。

私が個人的に好きなのは、問題を組み合わせる方法です。問題を組み合わせて、それを一発で解決できれば、それは良いアイデアだと認識されることが多いでしょう。

たとえば、アメリカの小学校にはリーディング・マラソンというものがあります。小学生が1冊の本を読むと、地域の銀行が10セントをアフリカの難民キャンプに寄付するというのです。この銀行は単にアフリカの難民に寄付をするだけでなく、小学生に本を読ませるという教育的な効果を組み合わせました。小学生は本を1冊読んで学習するたびに、アフリカのために役立ったという満足感も得られます。一石二鳥です。

いっぽう、星新一(ほししんいち)の小説に「ブロン」という植物が出てきます。長年の研究の結果、メロンとブドウが組み合わさったブロンが完成します。メロンがブドウのようにたくさんなるだろうと、開発者は期待しました。ところがこの木には、ブドウがメロンのようにひとつしか実らなかった、というのが小説のオチです。

組み合わせには、表と裏があるのですね。「一石二鳥」は「二兎(と)を追う者は一兎をも得ず」になる可能性もあります。注意してください。

A = Adapt「適用する」

今取り組んでいる問題と似た分野から、その要素・考え方・手法を適用する方法です。

これはアイデアを出す優れた考え方です。自分が取り組んでいる事象や問題に何らかの意味で似ているものを世の中に探します。そして、その似ているものの世界にはどんなアイデアがあるのかを調査して、優れたアイデアを適用します。どんな分野でも頭のいい専門家がいて、よく考え抜かれたいろいろなアイデアがあります。そういったアイデアをもらって、元の世界に活用するのです。

たとえば、私の研究室で開発した「釣竿法(つりざおほう)」と呼ばれる方法があります。この方法は薬物がどのような生体内のタンパク質に結合して、作用を発揮しているのかを調べる方法です。さまざまなタンパク質の混ざった液体から、結合するタンパク質だけをうまく「釣り上げてくる」ように工夫されています。

この「釣り上げる」方法を工夫するとき、魚釣りに似ていると考えました。魚釣りでは、「竿」を使います。釣り道具屋に足を運び、店員さんの話も聞きました。どんな場合にどんな釣竿が適しているのか、釣竿に求められる性質はどんなものなのか、などです。その考え方を結合タンパク質の精製に活用したのが「釣竿法」でした。この方法は、今では製薬会社や世界の研究者に使われています。

これは何に似ているのかな――自分のかかわっているものが何に似ているのかを常に考えましょう。

M = Modify, Magnify, Minify「変化させる・拡大する・縮小する」

形、色、香り、動きをさまざまに変えてみて考える。時間、頻度(ひんど)、強度、高度、長さ、厚さ、価値を、拡大・縮小してみます。数倍にしたり、数十分の一にしたり、思い切って数千倍にしてみます。これによって、それまで思いつかなかったアイデアを思いつく可能性が出てきます。

簡単な例だと、「巨大迷路」があります。迷路ゲームは紙の上で楽しむものですが、それを何百倍にもして、本当の人間が迷路に迷い込むアトラクションです。逆に、小さくすると使い方が変わってくるものもあります。ソニーが携帯型カセットプレーヤー「ウォークマン」を発売したとき、若者の生活スタイルは変わりました。

化学での実例は、今回の講義にも出てきます。

P = Put to other uses「他に利用する」

何も変えずにそのままで新しい使い道はないか、一部を改造・改良することで新しい使い道はないか――そう考えてみます。今回の講義では、ＤＮＡが他にどんな使い道があるだろうと考えてみます。ＤＮＡの特徴は何でしょうか？　その特徴が生かせる分野は？　こう考えてみるとアイデアを思いつくかもしれません。実例はあとで。

E = Eliminate「除く」

要素・部分・機能を除いてみる。複雑にするのではなく、シンプルにしてみます。機能を足すのではなく、引いてみます。

たとえばｉＰａｄです。発売当時、コンピュータにはいろいろな機能が付加されて複雑になっていました。当然、一般の人の中には使いこなせない人も多かったのです。必要のない機能を取り除いて、インターネットの閲覧、ビデオ鑑賞、読書に特化したのがｉＰａｄです。持ち歩いて、必要なものを素早く見ることができるようになりました。

人間はどうしてもつけ足すというアイデアを思いつきがちです。専門家になればなるほど、特にその傾向が強くあります。これもできる、あれもできると、機能をつけ足していくと、商品は高価かつ複雑になります。思い切って機能を除くことで、シンプルな新商品が生まれることがあるのです。

R = Reverse, Rearrange「逆にする、順番を変える」

逆のモノ、考え方、使い方を考えてみます。ひっくり返して考えてみることで、まったく新しい考え方が出てくるかもしれません。方向を反対にしたり、役割や目的を逆にしてみます。この方法の応用として、一旦逆にして考えてみて、そのアイデアをまた逆にすると、元の世界のアイデアになるという方法もあります。「裏の裏は表」です。逆にしなくても、要素・考え方・使い方の順番を変えてみる方法もあります。

思考法のひとつに「弱みを強みにする」という考え方があります。かつて、台風でリンゴが木から落下し、出荷が大幅に減少する事態に陥った町がありました。ここでひとつのアイデアを思いつきます。強風の中でも落ちなかったリンゴを「落ちないリンゴ」として高値で売ったのです。このリンゴは受験をひかえた家庭に人気となり、台風による損失を埋めることができたと言います。

少し違う例を挙げるなら、Ｗｉｉです。コンピュータゲームと言えば、かつては部屋に閉じこもってひとりでやるものでした。不健康、家族の仲が悪くなる――というイメージがありました。この反対は「すればするほど健康になって、家族の仲が良くなるコンピュータゲーム」です。これを実現したのがＷｉｉです。

トヨタでは「乗れば乗るほど健康になる車」「乗れば乗るほど空気がきれいになる車」というのを目指していると聞いたことがあります。これは実現していませんね。しかし、このように考えることで新しいアイデアが出てくる可能性はあります。

宿題講評2 Homework Review

アイデアの多くはSCAMPER法で説明できる

さあ、では、このSCAMPER法を頭におきながら、みなさんの宿題を講評していきましょう。面白いアイデアがたくさんありました。アイデアの多くはこのSCAMPER法で説明ができます。みなさんのアイデアに近い、実際に行なわれた研究も紹介します。

生体の情報であるDNAの構造を利用して、別の用途、この場合（左図）は材料を作ろうという考えです。SCAMPER法で言えば、**P＝Put to other uses**「他に利用する」です。この宿題の案では、塩基部分、すなわち遺伝子のアルファベット部分を2つつけることによって、網目(あみめ)状の構造を作ろうとしています。うまく考えましたね。

実は、うまくやれば、塩基部分を2つにしなくても普通のDNAで同じようなことができます。

DNAは二重らせんの形をしていました。そして、DNAには、AはTと、GはCと必ずペアになるという厳密な特異性がありました。この特異性が崩れると、生き物は自分のコピーを作ることができません。かなり厳密なのです。

この優れた特徴を生かせば、DNAを自由な形に「折る」ことができるはずだ——カリフォルニア工科大学のポール・ロスムンド博士はそう考えました。そして、彼は「DNA

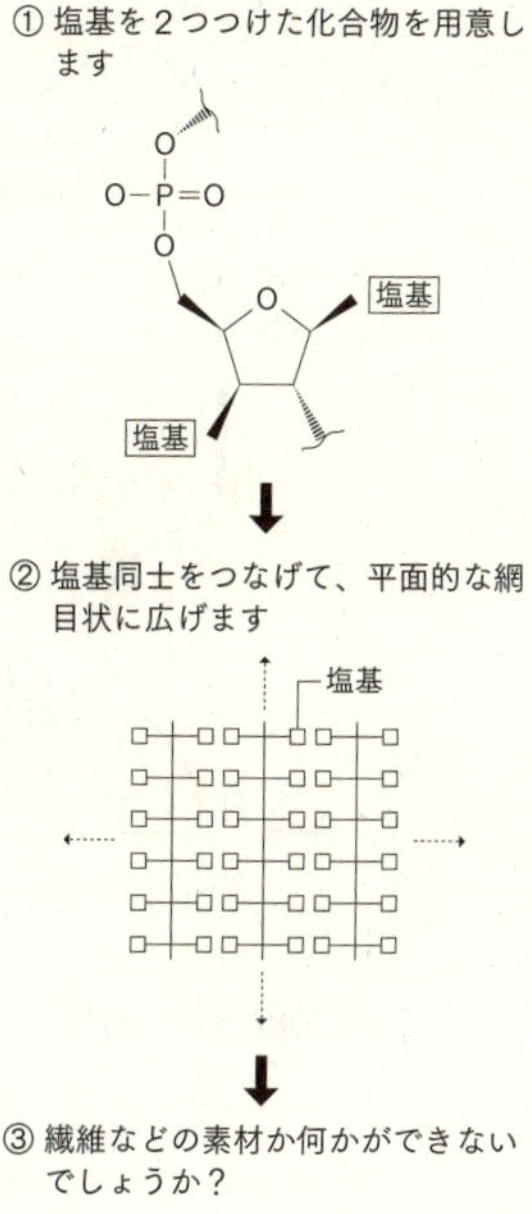
① 塩基を2つつけた化合物を用意します
O
O−P=O
O
O
塩基
塩基
② 塩基同士をつなげて、平面的な網目状に広げます
塩基
③ 繊維などの素材か何かができないでしょうか？

を折って、ナノサイズの形やパターンを作る」という論文を単名でネイチャー誌に発表したのでした。このアイデアは「**DNA折り紙**（DNA Origami）」と呼ばれています。

アイデアはこうです。長い一本鎖（いっぽんさ）DNAを準備します。これは対となるDNAがないので、二重らせんになっていません。そこに、短いDNAを加えます。この短いDNAは長い一本鎖DNAとちょうどペアになる配列を持っていて、長いDNAを折りたたむように設計されています。たとえば、こんな具合です。

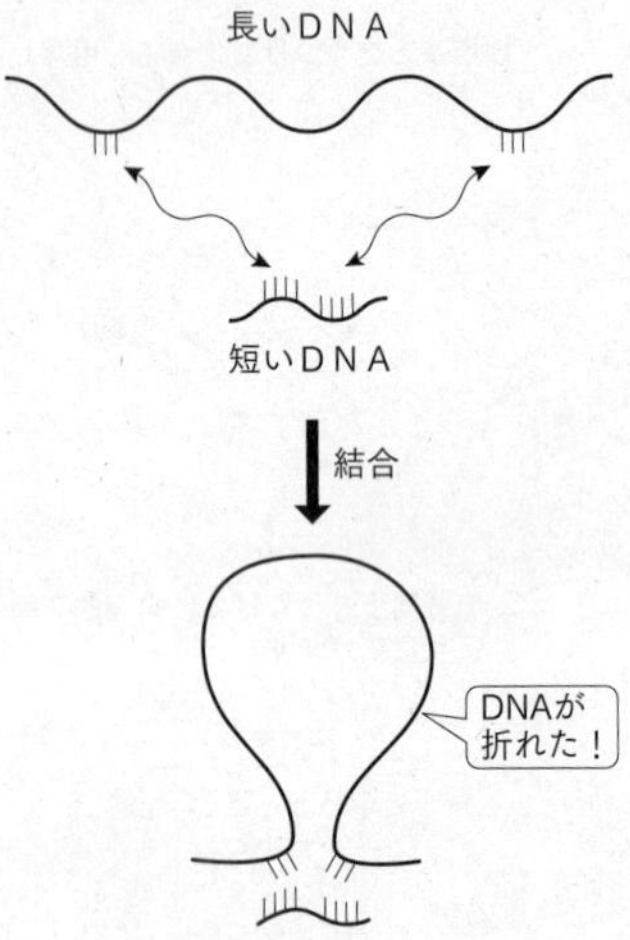

長いDNAを折りたたむ

つまり、短いＤＮＡがホッチキスの針のようになって、長いＤＮＡを折っていくのです。１本の長いＤＮＡと多くの短いＤＮＡをうまく使えば、自由自在な形の物質の「ＤＮＡ折り紙」を作ることができます。

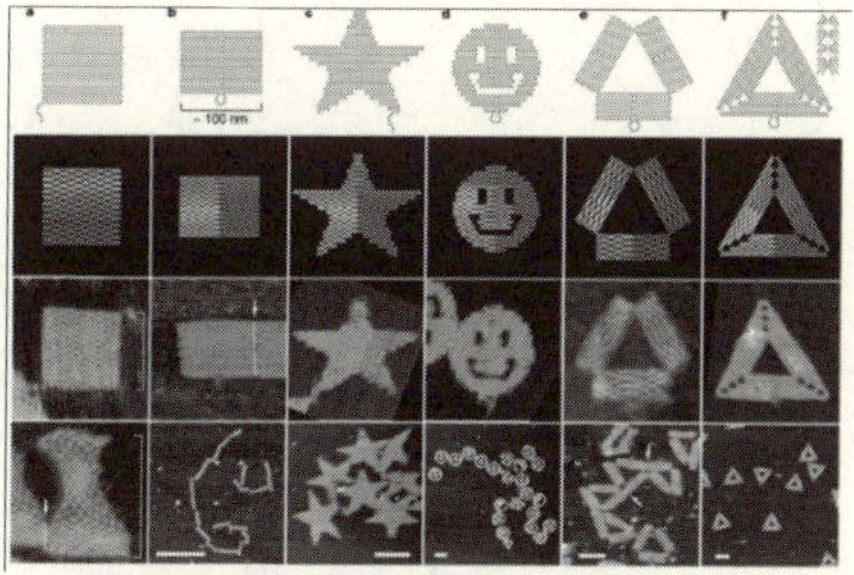

「DNA 折り紙」でさまざまな形の遺伝子を作る
Rothemund Nature 2006, 440, 297

前頁の図を見てください。星形、ニコちゃんマークでさえもできます。下2段のイメージは、原子間力顕微鏡という特殊な顕微鏡で写真を撮ったものです。上2段のイメージは予想した形。予想通りの形が作られているのがわかります。

このDNA折り紙技術は、さまざまな分野で利用できる可能性があります。薬を閉じ込めて患部に届いたときだけ薬を解き放つような物質が作れるかもしれません。

DNAは情報を安全に運ぶ物質です。AはT、GはCが必ず対になるという性質を利用して、他の目的に使ったのがこのアイデア。優れた点だけを利用して、本来の目的とはまったく違う目的に利用する——さまざまな分野で応用できる考え方ですね。

今回はもうひとつ紹介します（左図）。

このアイデアはSCAMPER法で言えば、**S = Substitute**「取り替える」です。DNAも部分の集まりで成り立っています。それぞれを何かと取り替えてみることを考えます。

この場合、糖部分の炭素（C）をケイ素（Si）で置き換えています。ケイ素は炭素の親戚で、4つの手を持っています。地球の地殻中に鉱物として大量に存在していて、地球上で酸素に次いで豊富な元素と考えられています。

DNA中の炭素をケイ素に置き換えたらどうなるのかについて考える。

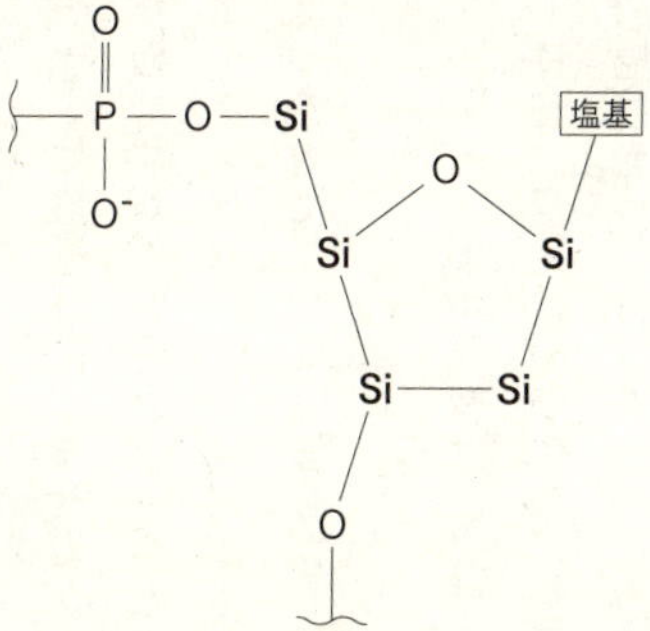

しかし、生物はこの元素をほとんど利用していません。ＤＮＡの炭素をケイ素で置き換えると、生命現象にどのような影響が出るのでしょうか。少し変わったＤＮＡができるかもしれませんね！　でも、このような実験はされていないからわかりません。

実は似たようなアイデアをイギリスのベンチャー企業が持っていました。このベンチャー企業では、医薬品分野でうまく商売をするアイデアを提案していました。

そのアイデアはこうです。世界で爆発的に売られている医薬品があるとします。その構造の中のひとつの炭素をケイ素で置き換えます。そうすることで、薬がちょっぴり効果的になるときがあります。

実はこのアイデア、他社の薬のまねですよね。炭素をケイ素に変えただけです。他社の医薬品をまねて薬を作ると、特許権侵害で訴えられてしまいます。

ところがこの場合、特許権侵害になりません。なぜかというと、医薬品会社の特許は、炭素をケイ素で置き換えるということまで含んでいないからです。

これは、他社の特許を出し抜くということと、薬の活性を上げるという2つの問題を同時に克服するアイデアです。2つの問題を同時に解決するという意味では、C＝Combine「組み合わせる」でもありますね。

そのベンチャーは最近耳にしませんから、どうなってしまったのか知りません。アイデアは良かったのですが、商売にはならなかったのかもしれませんね。

DNAのアルファベット部分はAがTと、GはCと対になっている構造でした。これは水素結合によって対になっていましたが、対になる方法は他にもいろいろと考えることができます。

米国のエリック・クール教授は水素結合を疎水性結合に変えたDNAを考えました。LOVEをLIKEに変えたのですね（笑）。

東京大学の塩谷（しおのや）光彦（みつひこ）教授は左図のようなDNAを考えました。

このDNAではアルファベットの部分が銅（Cu）を挟（はさ）み込んで対になるようにデザイン

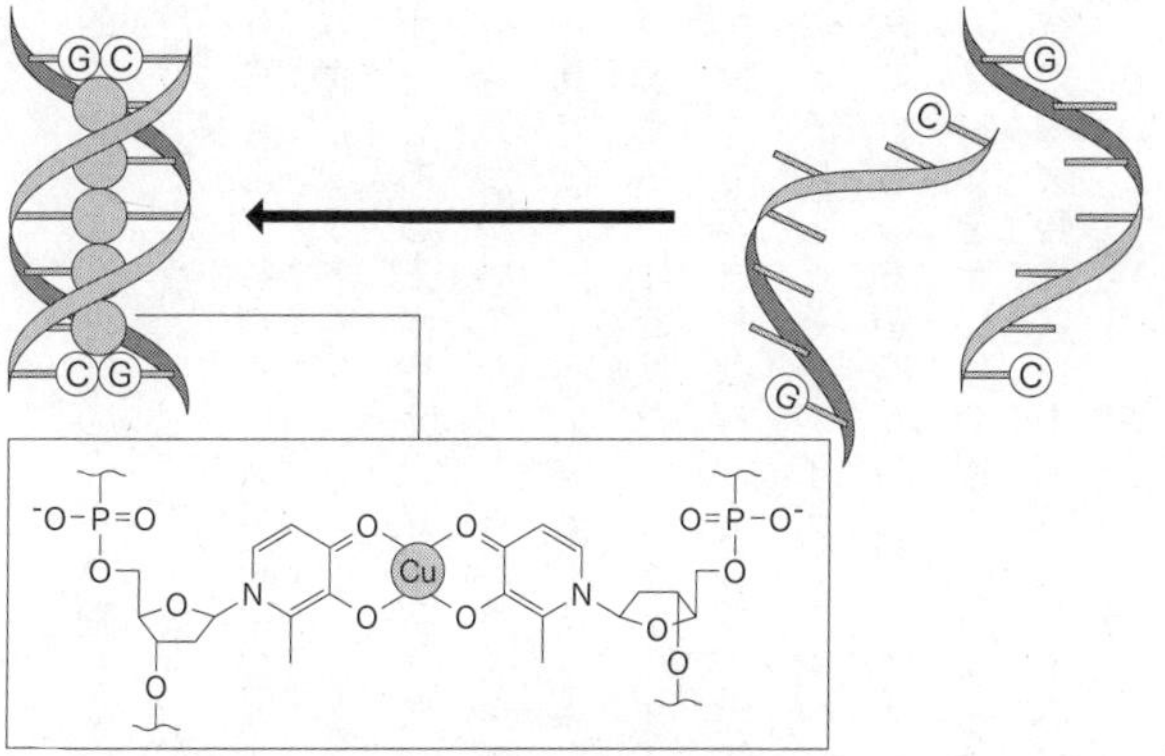

中央に銅が並ぶように設計されたDNA

されています。こうすれば、DNA二重らせん構造の中で銅が列をなして並びます。まるで電気を通すワイヤーのようになります。

DNAは長い紐状です。この紐を電線のようにしてしまおうというアイデアです。SCAMPER法で言えば、**S＝Substitute**「取り替える」と**A＝Adapt**「適用する」を混ぜたようなアイデアですね。

他の人のアイデアを見ると、「よく考えたなぁ」と思うこともあれば、「なんだ、そんなのもありか」と思うこともありますね。「そんなのもありか」と思ったときは、自分が自分に制限をかけていたときです。

卵を立てようと他の人が奮闘しているところで、コロンブスは卵を割って立てて見せました。「そんなのもありか」と思ったでしょう。でも、割ってはいけないというルールはありませんでした。自分で勝手にルールを作っただけ。自分の心の中にある制限をなくしてみましょう。

また、ある人が考えた良いアイデアに対して「なんだ、そんなことか。そんなことなら自分も気がついてたぞ」と思うことがあるかもしれません。

それではいけません。あのアイデアは自分も考えていたと負け惜しみを言う人がいます。考えるだけではだめです。まずそのアイデアを紙に描いてみましょう。そして、友だちに言ってみましょう。そして、実際にやってみましょう。

考えることとそのアイデアを実行することは違います。スポーツを見るのとスポーツを実際にするのとが違うのと同じです。アイデアを思いついて実行しなかったのは、イチローのプレーをテレビで観て解説するオヤジと同じ。ビールを太った腹に入れながらテレビを観て、家族にプレーを解説してるだけ。実際にプレーをしているイチローとの差は歴然としています。

「アイデアを実行するのは大変じゃないか」とみなさんは言うかもしれません。確かに大変です。よく考えてアイデアを練ります。思いつきでは実行できません。この世の中は、「大変だ」と言って何もしない人がほとんどです。そういった人たちは、アイデアを実行する人は特別な人だと考えています。でも本当にそうでしょうか？

通学途中に駅前の商店街を見てみましょう。

商売のアイデアを出して、本当に商売していますね。小料理屋、ラーメン屋、古着屋、喫茶店にはみんなオーナーがいます。ここで商売すれば客が入るのではないかと考えて、実際にやってみた人たちです。

商店街の散髪屋のオヤジ、すし屋の大将、スナックのママ――アイデアを実行した人は世の中にゴロゴロいます。みなさんの通学路にもたくさんいます。みんな大したものです。

みなさんも、優れたアイデアを思いついて、それを練り、自身で実行してほしいのです。そんなアイデアから将来の夢の技術が生まれるかもしれません。

なぜ私たちは生き物を食べるのか

さて、宿題の講評はこのくらいにして、本題に入りましょう。今日の講義は「遺伝子を作る」です。

前回、遺伝子の本体であるDNAの構造を書きました。その遺伝情報を司（つかさど）るA－T、G－Cの4つの相補的な構造――実にうまくできた仕掛けです。私たちの遺伝子の中にあるこの4つの構造はどこからきたのでしょうか。生き物はこれらDNAのパーツをある程度自分で作ることができます。しかし効率が悪い。この問題を私たち生き物はひとつの方法で解決しています。

それは「生き物を食べる」ということです。

私たちは他の生き物を食べて、DNAのパーツを摂取しています。遺伝子を伝えるために、他の生き物の遺伝子を食べる。それをバラバラにして、自分の情報に並べ替えて遺伝子を伝えています。食べないと遺伝子は伝達できないから、私たちは本能的にこのパーツを「美味しい」と感じてしまいます。いや、美味しいと感じる生き物だけが生き残ってきたのかもしれません。

DNAのパーツのひとつは鰹節（かつおぶし）のうまみ成分のイノシン酸（5'-IMP）、もうひとつは干ししいたけのうまみ成分グアニル酸（5'-GMP）です。これらは「核酸系うまみ物質」として食品に表示されることがあります。普通はイノシン酸とグアニル酸の混合物が調味料として使われています。グアニル酸は遺伝アルファベットのGそのものです。イノシン酸は、体の中でグアニル酸に変換されてDNAの一部となります。

食べることは生きることです。生き物を食べて、私たちは生きて、遺伝子を伝達していきます。

遺伝子はどこからきたのか

もう一度遺伝情報を司る4つの相補的な構造を見てみましょう。A－T、G－Cが水素結合をして、うまく対になっています。でもよく考えてみれば、水素結合で対を作って相補的になる化合物を想像すれば、A－T、G－Cである必要はありません。他にも考えることができます。どんな理由で、A－T、G－Cなのでしょうか。

この答えは、「自然にできちゃったから」だと考えられています。

1950年代、スタンレー・ミラー博士は大学院生としてシカゴ大学で研究をしていました。その課題は、生命の元になる物質が太古の地球の環境で簡単な物質から作ることができることを証明することでした。

太古の地球の状態を模倣(もほう)するために、ミラー博士は水とアンモニアを水素ガスとメタンガスが入ったフラスコに入れ、煮たり、雷をまねて電気を当てます。何日かすると、液体が茶色くなってきました。その液体の中に何かができていたのです！

液体をよく調べてみると、その中には2つのアミノ酸ができていました。何度も繰り返して実験を行なってみると、少なくとも5つのアミノ酸ができていました。当時この実験は大きな反響を呼びました。タンパク質のもとになるアミノ酸が「勝手にできた」のかもしれないからです。

では、問題の遺伝子のもとはどうでしょうか。

1960年、ジュアン・オロ博士はシアン化水素とアンモニアと水を混ぜる実験を報告しました。混ぜて、グツグツと煮ると、アデニン（A）ができたというのです。アデニンはこの世の中で最初にできた遺伝子のアルファベットだと考えられています。

遺伝子のパーツは、「勝手にできたもの」を出発点にしているようです。それらがうまく集まって、遺伝子ができて生き物が誕生しました。勝手にできたものが勝手に集まって生き物が発生したのです。

生き物はとてもよくできていると思いませんか？　勝手にできたものを最大限に活用した仕組みになっています。

これは私たち人間の営みにも言えることです。現代化学医薬品産業は、石炭の燃えカスからアスピリンを作ることから始まりました。勝手にできたゴミから医薬品を作るということです。ドイツのライン川沿いの化学工場でバイエルが始めたこのスタイルが化学医薬品産業の始まりです。

みなさんも、身の回りで勝手に発生している簡単なものを利用して問題を解決する方法があるかを考えてみてください。いいアイデアを思いつくかもしれません。

から揚げを作るようにDNAを作る

「理解したものは自分の力で人工的に作ることができるはずだ」という化学の考え方があります。これが合成化学の考え方です。今の合成化学の技術で、遺伝子の本体であるDNAを人工的に作ることができます。しかし、複雑なDNAを効率良く合成するには、あるひとつの工夫が必要でした。

合成化学は料理に似ています。「優れた合成化学者は優れた料理人でもある」と、ハーバード大学の先生がワッフルを焼いてくれたのを思い出します。

彼はさらにつけ加えました。「だけど、優れた料理人が優れた合成化学者であるとは限らないけどね」

確かにそうだ。合成化学は料理に似ています。何かと何かを混ぜて、異なるものを作る。たとえば、鶏のから揚げを作ってみましょう。味をつけた鶏肉に片栗粉(かたくりこ)をつけて、油で揚げます。鶏肉だけを揚げたもの、片栗粉だけを揚げたものとは、異なる味わいの料理ができます。

料理では正しい分量を混ぜることが大切。醬油、塩、砂糖の分量を間違えると失敗してしまいます。

鶏の味つけをするときには正しい分量の調味料を使いますね。しかし、味つけの後、鶏肉に片栗粉をちょうど正しい分量でまぶすことは困難です。片栗粉を多めにまぶして、余分な片栗粉を振り払う方が便利です。片栗粉をまぶした鶏肉を揚げるときも、多めの油を使い、揚げた後で余分な油を取り除く方が便利です。

片栗粉や油よりも鶏肉の方が高価です。鶏肉がすべて消費されるように、片栗粉や油を多めに使うという考え方もできます。どちらかを多めに使うと作業が便利になったり、高価なものがすべて利用されるという利点があります。

多めに使って、余分なものを除く——その利点の代償として、余分な作業が必要になります。それは化学の言葉では**「精製」**という作業です。

この「精製」という作業が実際に自分の手で合成化学をするときに問題になります。フラスコの中でAとBを混ぜて反応させ、Cができる。そのときに１００％のAが１００％のBと１００％の割合で反応すると、反応の後、Cだけが残ります。

しかし、そんなことはなかなか起こりません。実際にはAやBが残ったりします。つまり、フラスコの中にはA、B、Cの3つの化合物が混ざっています。

Aの方がBよりも高価であるとしましょう。Bを片栗粉のように過剰に加えると、Aのすべてが Cに変換されます。そして、フラスコの中でAとBがぶつかり合う確率が高くなるので、反応の時間も短くなるでしょう。この反応の結果、フラスコの中にはBとCが混ざっています。ここから、Cだけを分ける、つまり精製する必要があります。

BとCがよく似た物質だとすれば、精製は手間のかかる作業になります。たとえば、醤油とお酒を混ぜて、その混合液からお酒だけを取り出すのは困難です。鶏肉と片栗粉を混ぜて、余分な片栗粉を除くのは困難ではありません。鶏肉と片栗粉は大きさが違うからです。

これが、鶏肉と豚肉を細かく切ったものを混ぜたとすれば、後で鶏肉だけを除くのは大変な作業。ひとつひとつ手作業で除く必要があります。

鶏肉と片栗粉のように、BとCのサイズが大きく異なれば、精製は簡単です。この考え方を複雑なDNAの合成に使います。世の中を変えたアイデアです。

ビーズを使って大きさの違いを利用する

そのアイデアは**「固相合成」**と呼ばれます。ＳＣＡＭＰＥＲ法で言えば、**M = Modify, Magnify, Minify**「変化させる・拡大する・縮小する」に相当するかもしれません。固相合成では、反応するいっぽうの物質のサイズを極端に大きく拡大させます。

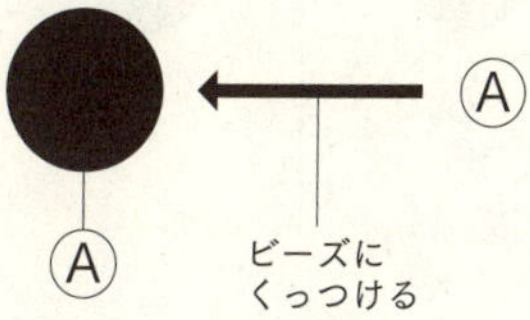

ＡとＢの反応を行なうときに、Ａを大きな玉（ビーズ）にくっつけておきます。すると、ＡはＢに比べ何千倍ものサイズになって、簡単にＡとＢを区別できるようになります。

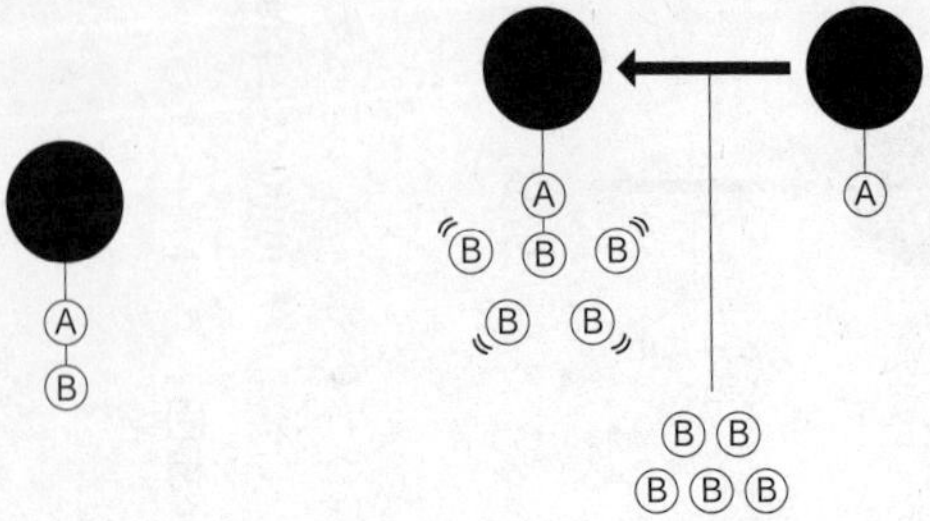

そこにBをたくさん入れて、AとBを反応させると、大きな玉にA－Bがついた状態となります。

ここで、余分なBを洗い流します。

A－Bは大きな玉についているので、フィルターを使えば、大きな玉についているA－Bと小さなBは簡単に分けることができるのです。

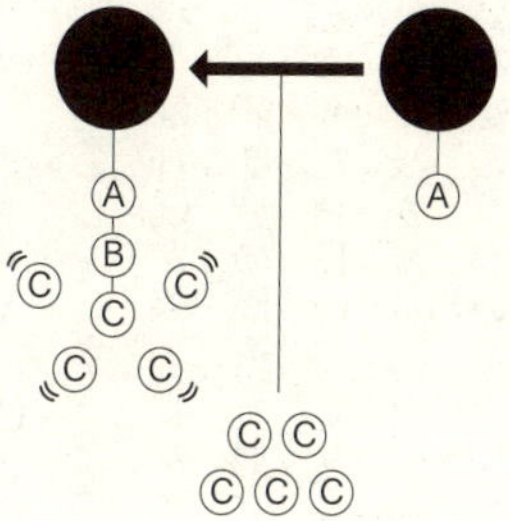

今度は大きな玉についているA－Bに大量のCを反応させます。CはBに結合するので、大きな玉の上でA－B－Cができます。

残ったCは洗い流します。次に、Cに結合するDを反応させて……という具合に続ければ、A－B－C－D－E－という具合に、多くのパーツをつないでいくことができるはずです。このアイデアを使えば、DNAのパーツを次々とつないでいって、長いDNAを組み上げることができます。まず、つないでいくDNAのパーツの構造を見てみましょう（次ページ）。

合成DNAのパーツは天然DNAのパーツと異なります。DNAの4つのアルファベット（T、A、C、G）を見てください。Tは天然とまったく同じです。しかし、他のアルファベット――A、C、Gは異なります。－NH2という構造は合成反応の際に不必要な反応を起こしてしまうために、反応しないように「カバーをかけて」あります。これらのカバーは合成が終了した後にすべて取り除くことができます。

リン酸部分の構造も異なります。これは、次のパーツとの連結を効率良くするための工夫と考えたら良いでしょう。カギとなるのはDMTと呼ばれる部分です。右上の点線で囲んだプロペラみたいな部分。次のパーツがつながる部分にDMTをわざとつけてあります。なぜこれがいるのでしょうか。パーツをつないでいく実際の工程を見てみましょう。

合成DNAのパーツ

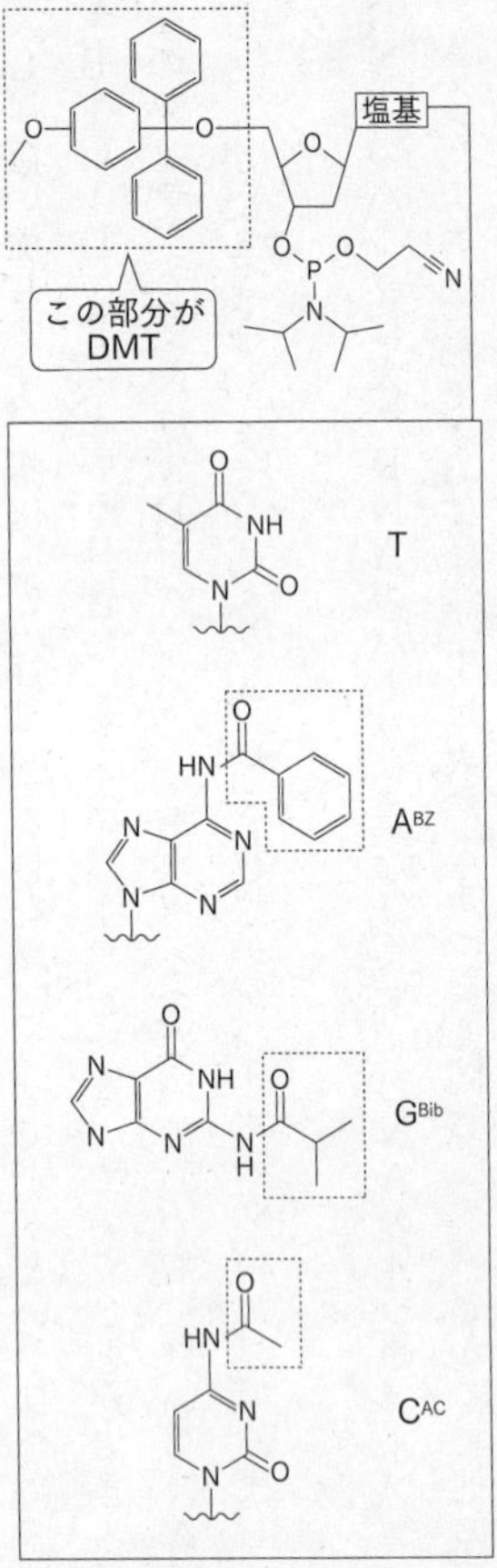

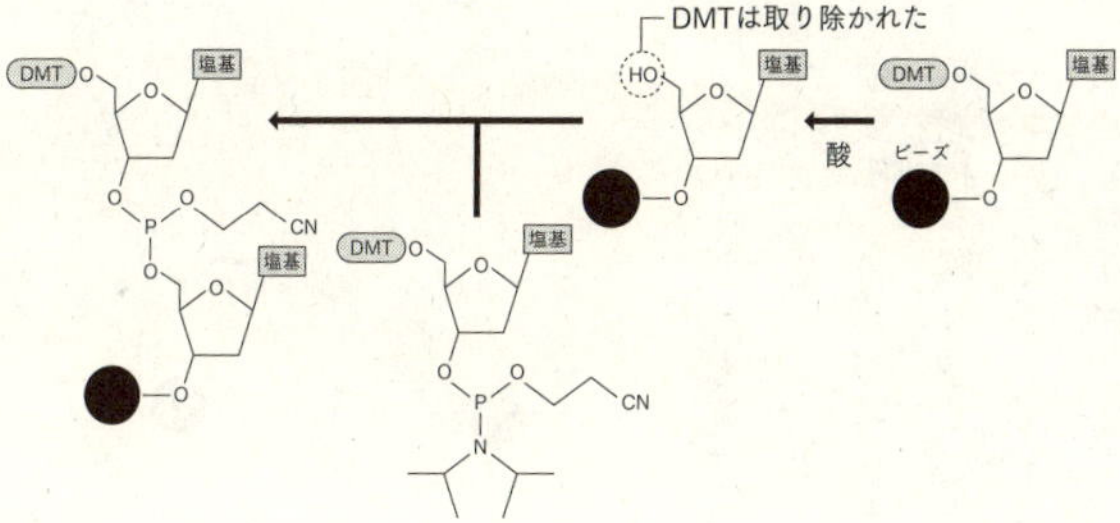

まず、ひとつ目のＤＮＡのパーツに大きなビーズがついたものを準備します。この段階ではＤＭＴがついています。

このＤＭＴを酸で最初に取り除きます。

そこへ次のパーツを反応させます。

パーツにはＤＭＴがついているので、ひとつのパーツのみ連結されます。もしも、パーツにＤＭＴがついていなければ、複数のパーツが次々と連結されてしまって、望んでない産物ができてしまいます。だからカバーの役割をするＤＭＴがいるのです。

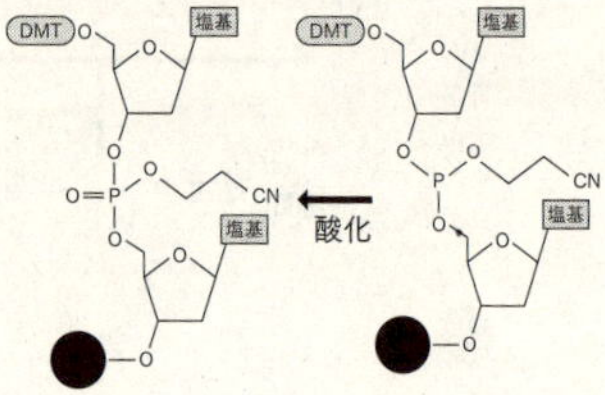

最後にリン酸部分を酸化して酸素をひとつ足せば、DNAのパーツがひとつ伸びたものができあがります。

これらの一連の反応をするとき、反応が終わるたびに、ビーズを洗い流し、フィルターします。そうしておけば、反応しなかったパーツは洗い流されて、望みの生成物をあらためて精製する必要がありません。これが固相合成の優れたところです。

この過程を繰り返すことで、長いDNAを人工的に合成することができます。最後に、アンモニア水でビーズからDNAを切り出し、余計な反応が起こらないようにカバーしていた部分を取り除きます。この合成技術で100個ほどのパーツをつないだDNAを人工合成することができるようになりました。

ビーズを使った固相合成の技術ができたことによって、DNAの合成は単純な反復作業になりました。機械で自動的に行なうことができます。昔は、注射器とフィルターを使って、手でDNA合成をしていましたが、今では完全に自動化されています。大学院生になりたてのころに研究室に米国製のDNA合成装置が納品されたことを覚えています。当時は夢のような機械でした。

今ではその機械と同種のものがワシントンのスミソニアン博物館に展示してあります。そう、もうすでに博物館にお蔵入りです（笑）。私が大学院生のころはそのお蔵入りした機械でDNAをひとつずつ研究室で合成していました。今では384個のDNAを同時に合成できる装置があり、それを使えばコストはパーツひとつ当たり数十円です。

今では研究室で自分で合成するのではなく、大型の機械を備えたDNA合成会社に注文して合成してもらいます。インターネットで午後6時までに注文すると、翌日には合成されて配達されます。その会社のWEBサイトへ行って、AGCTTGGCCTTという配列を昼間に入力すれば、そのDNAが翌日に配達されてきます。今研究室で発注している業者だと、この配列で配達料込みで385円です（2014年3月現在）。

ＤＮＡ合成の反応は無水反応――つまり、水分が入るとうまくいきません。手で合成していたときは、雨の日はうまくいきませんでした。自動化によって、職人技が職人技でなくなり、コストが下がり、ＤＮＡを誰でも自由に利用できるものとしたのです。

しかしながら、まだ問題がありました。合成できるＤＮＡは１００個ほどのアルファベットが連なった短いものです。長い遺伝子を自由自在に手に入れるためには、さらなるアイデアの登場を待たねばならなかったのです。

アイデアを思いつく3つの状況

11世紀の中国の政治家・学者である欧陽脩によると、アイデアを思いつく状況は３つあると言います。

「馬上、枕上、厠上」

つまり「馬の上、つまり乗り物に乗っているとき」、「枕の上、つまり寝るとき」、「厠の上、つまり便所の中」です。私の場合、便所では何も思いつきません。パッと入ってパッとすませます（笑）。

冴えた頭のまま布団に入って目を閉じると、瞼の裏側に映像が浮かんでくることがあります。モヤモヤとした人の顔みたいなものが浮かんだり、研究の風景だったりします。そんなときに、ふとアイデアを思いついて、布団から飛び出てメモをすることもあります。そのときは「自分は天才ではないか」と思ったりするのですが、翌朝にそのメモを見てみると、とんでもなくつまらないアイデアでガックリするのです。

私の場合は何と言っても乗り物、特に新幹線です。新幹線で車窓から外を見れば、アイデアが湧くことがあります。アイデアが出ないという状態は、あるひとつのことにこだわってしまって、何度考えても同じような考えに陥ってしまうときです。ちょっとした意識のブレによって、このトラップから抜け出て、新たな思考回路に入ることがあります。そんなときに、新たなアイデアが浮かぶのではないでしょうか。

思考というのは水の流れのようです。水はさまざまな方向に流れ込んで、ときには途絶え、一緒になり、溜まったりします。新幹線の車窓から見えるさまざまな景色――ちらりと見える瀬田唐橋、赤や黄色に色づく関ヶ原の山々、青い空を映した浜名湖、白い雪を被った富士山、トンネルの合間に一瞬見える熱海の街、車窓に映る銀座のネオンと、目まぐるしく変化する景色は意識にブレを生じさせます。

それによって、思わぬ方向に思考の流れが変わったり、2つの思考の流れが結びついたりして、アイデアを思いつきます。

今から説明する技術は、乗り物の中で思いついた20世紀最大のアイデアです。ひとりの研究者が車を運転しながら思いついた技術によって、生物学や医学の世界は一変しました。

それはPCRと呼ばれるDNA増幅技術です。

20世紀最大のアイデア、PCR

キャリー・マリス博士は企業の研究者。カリフォルニア大学バークレー校から博士号を授与された後、バイオテクノロジー企業のシータス社で遺伝子の研究に従事していました。

彼はカリフォルニアに住み、週末は別荘で過ごしていました。金曜日の晩に車を3時間運転し、日曜日の晩に同じ時間をかけて運転し帰宅する――。

運転中にできることは、研究のアイデアをぼんやりと考えることぐらいです。カーブでハンドルを切れば、ヘッドライトが暗闇を照らす――その繰り返しの中で、アイデアを思いついたのです。

PCR（polymerase chain reaction：ポリメラーゼ連鎖反応）――手っ取り早く言えば、それは繰り返しのアイデアです。

この技術によって、ある特定の遺伝子を何百万倍にも増幅することが可能になりました。病気の診断から遺伝子の同定、遺伝子鑑識技術まで、さまざまな応用が実現されることになるのでした。キャリー・マリスはこのアイデアにより、1993年にノーベル化学賞を授与されます。

PCRでは温度の上げ下げを繰り返します。それだけです。

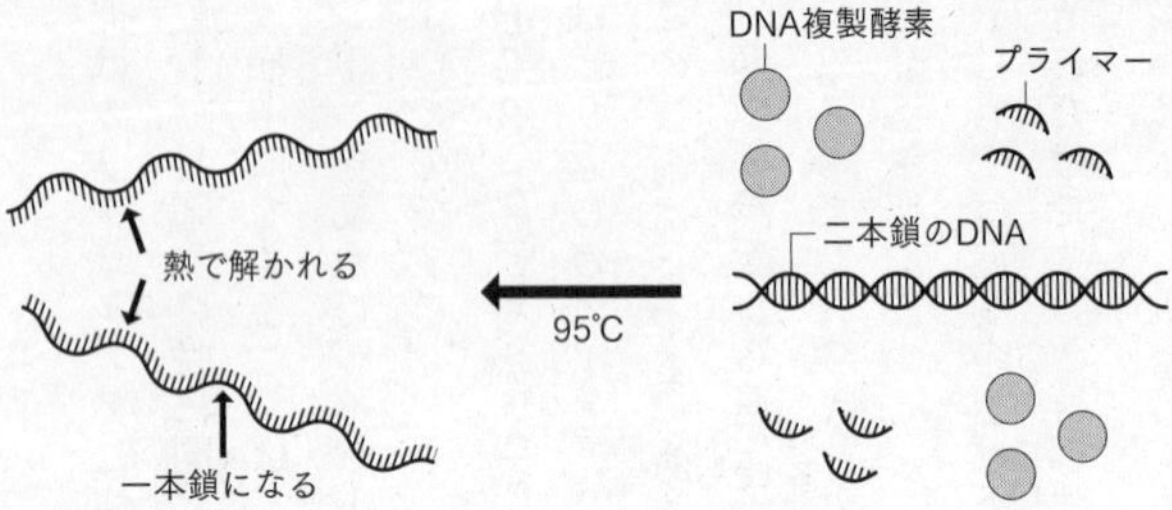

まず、ごく少量の二本鎖DNAが入った液があるとしましょう。その中に、その遺伝子の両末端に相補的な短い合成一本鎖DNA（プライマーと呼びます）を大量に入れます。DNA複製酵素も入れておきます。

次に、95℃に熱します。

前に言ったように、DNAのペアは水素結合によって維持されています。水素結合は高温で切れるという性質があるので、少量入っている二本鎖DNAは熱によって解かれ、一本鎖になります。

DNAは熱に対して安定していますが、タンパク質は熱に対して安定しません。DNA複製酵素はタンパク質ですから高温では変性してしまいます。PCRでは、温泉菌のDNA複製酵素を使っています。熱い温泉でも生きている菌が作るDNA複製酵素ですから、高温でも変性せず生き残ります。

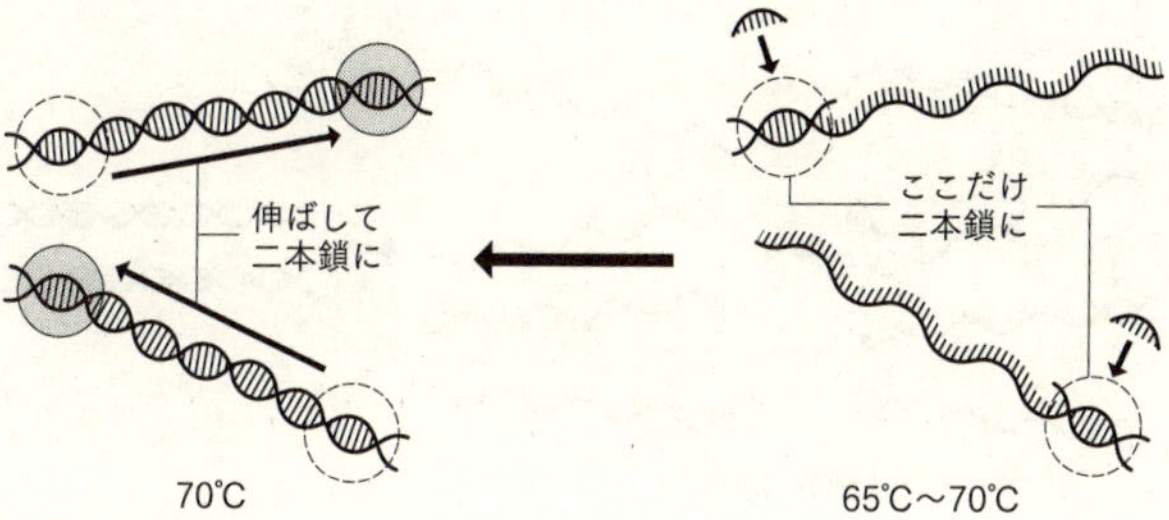

次に、65℃から70℃くらいの温度まで冷まします。すると、ほどけたＤＮＡが短い合成ＤＮＡと水素結合して、部分的に二本鎖を組みます。

ＤＮＡ複製酵素は、このような部分的な二本鎖ＤＮＡを完全な二本鎖ＤＮＡに複製する酵素です。ＤＮＡ複製酵素がプライマーＤＮＡを伸ばして、完全な二本鎖ＤＮＡが作られます。温泉菌のＤＮＡ複製酵素は70℃くらいでこの反応をよく進めます。

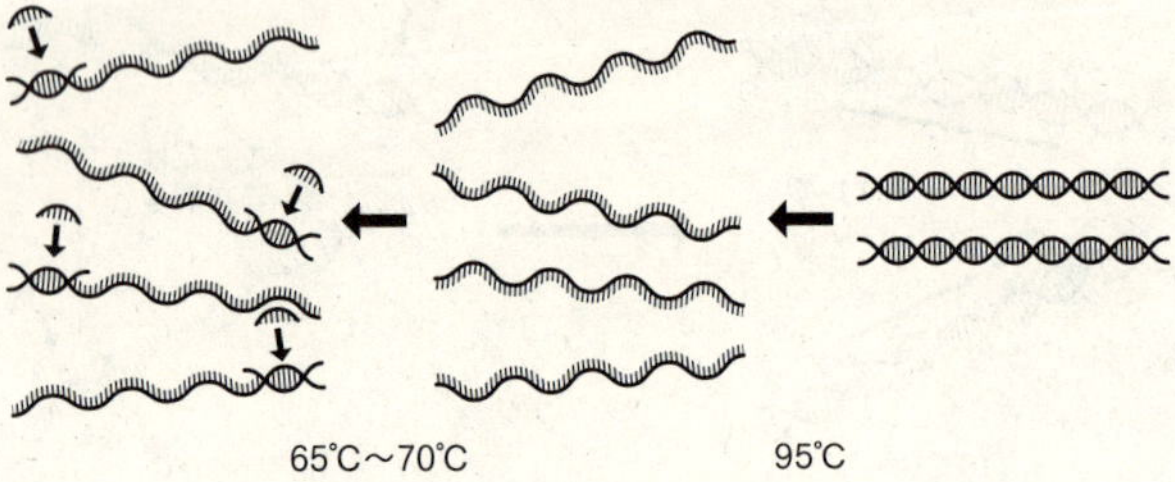

これで目的のDNAは2倍に増えました。

これを再び95℃に熱し、一本鎖にします。

それをまた65℃から70℃に冷まします。プライマーDNAはたくさん入っているので、また別のプライマーDNAが目的のDNAと部分的な二本鎖を組みます。

ＤＮＡ複製酵素がプライマーＤＮＡを伸ばします。これで目的のＤＮＡは４倍になりました。

このように、温度を上げて下げるたびに、目的のＤＮＡは2倍になるのです。この過程を何度も繰り返すことで２つのプライマーに挟まれたＤＮＡ部分が増幅されます。30回繰り返せば、目的のＤＮＡの数は、２の30乗倍、つまり、約10億倍になります。

この技術の優れたところは、反応液を準備した後の操作が温度の上げ下げだけだということです。つまり、温度を上げ下げするだけで、目的のＤＮＡが増幅されるのです。

キャリー・マリス博士がＤＮＡ増幅のアイデアをパシフィック・コースト・ハイウェイをドライブ中に思いついたとき、彼が考えていたことは別の問題でした。彼が考えていたのはＤＮＡの変異を解析する新しい方法だったと言います。思いついたのはＤＮＡを増幅するアイデアでした。マリス博士は言います。

「ＰＣＲはＤＮＡ１分子をその日の午後には１０００億個に増やす。操作は簡単。必要なのは試験管ひとつ、数個の試薬、そして熱だけだ」

優れた技術の応用事例

PCRが連鎖反応になる理由は、結果が原因になるからです。熱を上げ下げしてできた産物は、次のサイクルでは鋳型(いがた)になって、さらに産物の数を増やします。この優れた増幅技術をうまく使えば、いろいろなことができます。ここでは、2つの事例を示しましょう。

①遺伝子情報をもとに既知の遺伝子を取り出す

人の遺伝子のアルファベット配列はすでに解読されています。約30億個のアルファベットが並んでいます。その中には、記憶に関係する遺伝子、性別に関係する遺伝子、足の長さに関係する遺伝子など、さまざまな役割をする遺伝子が入っています。

そのうちの一部だけを取り出したいとしましょう。たとえば、癌(がん)の原因となる遺伝子があるとします。その遺伝子のアルファベット配列はもう調べられています。その遺伝子の

DNAの両末端に相当するプライマーを合成し、PCRを行ないます。皮膚、毛髪といったちょっとした人体の一部に入っている少量の遺伝子から、PCRは大量にその遺伝子だけを増幅することができます。

癌の患者さんの皮膚や毛髪からDNAを抽出し、PCRを行なうと、その癌遺伝子を取り出すことができます。そして、その遺伝子を解析します。患者さんの中には、この遺伝子が異常なために癌になった人もいるでしょう。また別の癌遺伝子が原因の人もいます。増やして取り出した遺伝子の解析から、患者さんを分類することができます。その分類をもとに、治療方針を立てるのが、「オーダーメイド治療」です。

胃癌、肝臓癌、肺癌——癌は、臓器によって分類されています。しかし、癌は転移するので、癌の種類を臓器で分類することは正しくありません。その遺伝子の異常具合によって分類すれば、より正確な分類ができます。

PCRが広まったとき、『ジュラシック・パーク』という映画が流行りました。実は、あの恐竜を蘇らせた技術にはPCRが使われているという設定なのです。この映画では、琥珀の中に閉じ込められた古代の蚊が発見されます。その蚊の中には恐竜の血液が入っていました。その血液に入っている恐竜の遺伝子をPCRで取り出して解析し、DNA

配列から恐竜を再現するといった映画です。

実際の研究では、恐竜のすべての遺伝子を解明することはできませんでした。遺伝子は長年の間に劣化していたからです。しかし、PCRによって実現できそうな技術という意味では、的を射た娯楽映画でした。

②目的とする遺伝子の存在の有無を調べる

みなさんの中にばい菌に感染した人がいるとしましょう。みなさんから唾液を少しもらって、PCRを行ないます。ばい菌にしか存在しないDNA配列のプライマーを使えば、唾液の中にばい菌が入っていれば、ばい菌のDNAはPCRで増幅されます。ばい菌が存在しなければ、DNAは増えてきません。PCRでそのDNAが増えたかどうかで、少量のDNAが存在するかどうか判別できます。

この方法は癌の診断でも利用できます。ある種の悪性白血病では、異なる遺伝子が融合して細胞の増殖を促進していることがあります。もともとは別々だった遺伝子2つが融合しているので、その接合点の部分を増幅させるようなプライマーを使ってPCRを行ないます。この方法は他の診断方法よりも1万倍感度が良いと言われています。その他にもウイルスの早期検出などにも使えますね。

『オペラ座の怪人』に見る繰り返しと連鎖のアイデア

ＰＣＲは、繰り返しによる飛躍的な増幅効果です――1回の操作では単純なことしか起こりませんが、それを繰り返すだけで飛躍的な効果が得られることがあります。これはミュージカルにも言えるのではないか――ロンドン・ウェストエンドにある劇場の椅子に座って足を組み替えたとき、そう思いました。

ニューヨーク、ロンドン、東京――この3つの都市で同様なミュージカルが上演されています。『オペラ座の怪人』『レ・ミゼラブル』『サウンド・オブ・ミュージック』『キャッツ』――海外に講演や講義に出かけたついでに、さまざまなミュージカルを鑑賞しました。

ミュージカルには繰り返しによる増幅効果があります。たとえば、『オペラ座の怪人』。

ミュージカル界の作曲の天才、アンドリュー・ロイド・ウェバーの代表作です。ウェバーは父親が王立音楽大学教授、母親がピアノ教諭であり、音楽に囲まれて育ちました。彼の音楽には不思議な力があり、劇場から出て通りを歩いているとメロディーを口ずさんでしまいます。

その魔力の原因は何でしょうか。ミュージカルではテーマを持った曲のメロディーを、ときには調を変えながら、作品中で何度も繰り返すことがよくあります。そのたびにメロディーのメッセージと記憶は増幅されます。ウェバーの作曲するミュージカルは、その効果が突出しています。

『オペラ座の怪人』では、醜いが音楽と建築の才能にあふれた怪人が、コーラスガールの若く美しいクリスティーヌを深く愛します。そしてオペラ座の地下深くの隠れ家でクリスティーヌに音楽を伝授し、彼女をプリマドンナにまで押し上げます。「シンク・オブ・ミー」「エンジェル・オブ・ミュージック」「オペラ座の怪人」「ミュージック・オブ・ザ・ナイト」へと進む一連の音楽は、アンドリュー・ロイド・ウェバーの作曲の中でも傑出しています。

怪人は地下の隠れ家へクリスティーヌを導きます。そして、夢を見ているかのような表情のクリスティーヌを抱き寄せながら「ミュージック・オブ・ザ・ナイト」を歌うのでした。その様子は優しく、哀しく、美しく、かつ情熱的です。「ミュージック・オブ・ザ・ナイト」のメロディーは、怪人の内面を映すモチーフとして、5度も形を変えて登場します。そのたびに、この最初のシーンを思い出し、メロディーが繰り返されるたびに意味は増幅され、観客の記憶に定着するのです。

この増幅は大詰めで最高潮に達します。クリスティーヌを慕う若きラウル子爵はクリスティーヌを追って、怪人の地下の隠れ家に到達します。怪人の罠にはまりロープを首にかけられ、怪人は彼と自分のどちらを取るかとクリスティーヌに迫ります。クリスティーヌはラウルを助けるために、怪人に口づけをします。怪人はその口づけの真意を悟り、クリスティーヌとラウルの2人にその場から去るように命令します。このときに「ミュージック・オブ・ザ・ナイト」を一節だけ怪人は叫ぶように歌い、伴奏だけの「ミュージック・オブ・ザ・ナイト」が流れる中、怪人は夢のように姿を消してしまうのでした。

新聞記者・ミュージカル評論家である小山内伸氏によると、この繰り返しの趣向こそが、恋愛ドラマがミュージカルと相性が良い所以であると言います。

「人間は、現実に目の前で起こっていることを知覚するだけでなく、同時に考えたり思い出したり内面的な認識もする。例えば、卒業式に参列しながら入学した時のことを思い出している、といったふうに状況と内面の双方を意識に上らせているものだ。

恋愛においては、過去の記憶が現在の状況のドラマ性を高める。典型を挙げると、今まさに別れようとする場面で、出会った頃の喜びを思い出すからこそ哀切さが募る。そういった状況と内面とを同時に表現することは、ストレート・プレイでは工夫がいるが、ミュージカルでは比較的容易にできる。別離の場面において、出会った時に一度歌ったメロディを再び口ずさむことで、観客にも出会いの場面を思い起こさせられるからだ。

時が流れ、人の心や関係が変わって紡ぎ出されるドラマの中で、『あの時の思い』が音楽と共に甦る。メロディの反復には、登場人物の内面を観客にも追体験させる効果がある。」（小山内伸『進化するミュージカル』）

素晴らしい指摘です。しかし、私はそこにもうひとつつけ足したい。そう、先に挙げたように、優れたミュージカルでは、同じメロディーの繰り返しが単なる反復ではなく、増幅となっていることです。メロディーとともに、ひとつ前の感情が次の感情を引き起こす――結果が原因となって連鎖したときに、増幅は見られます。単発が繰り返される以上のものとなります。

結果が原因となる――PCRではそうです。PCRでは、最初にあるDNAは少量です。1回目の反応で2倍に増えます。その増えたDNAは、2回目の反応では鋳型になります。結果が原因となって連鎖したときに、反復作業は最終的に飛躍的効果を生むのです。

結果が原因になれば、前の結果は次の結果を生み、それがまた原因になって次の結果となる。結果は巨大化していきます。経済学、化学、物理学の世界でも結果が原因となる連鎖現象は核爆発のような結果を生み出してきました。投資の結果が投資の原因となり、触媒(しょくばい)反応の結果として触媒合成されたりすれば、最後の結果は巨大なものとなります。

こういう考え方は、「ねずみ講」のような悪事にも使われるので注意も必要です。しかし、新しいアイデアを作るうえでは重要な考え方でしょう。みなさんも「ミュージック・オブ・ザ・ナイト」を口ずさみながら、結果が原因となるシステムを考えてみませんか。

第4講はここまでです。それでは、宿題を出します。今日の宿題のお題はこれです。

「4講までの講義内容をもとにして研究のアイデアを練り、そのアイデアをイラストで表わしなさい」

Lecture

第5講

タンパク質を作る

個人的な体験がユニークなアイデアを生む

「伯備線の清――駅でおりて、ぶらぶらと川――村のほうへ歩いて来るひとりの青年があった。見たところ二十五、六、中肉中背――というよりはいくらか小柄な青年で、飛白の対の羽織と着物、それに縞の細かい袴をはいているが、羽織も着物もしわだらけだし、袴は襞もわからぬほどたるんでいるし、紺足袋は爪が出そうになっているし、下駄はちびているし、帽子は形がくずれているし……つまり、その年頃の青年としては、おそろしく風采を構わぬ人物なのである」（横溝正史『本陣殺人事件』）

名探偵、金田一耕助が小説に初登場する場面です。岡山の田舎で本陣殺人事件を究明した後も、この名探偵は『獄門島』『八つ墓村』『犬神家の一族』などで怪事件を次々と解決します。

子供のころ、その活躍ぶりは日曜洋画劇場やTBS系列局の連続ドラマで放映され、凄惨な殺人現場や大人の苦悩を映すブラウン管を布団の中から見つめたものです。

その晩は少し違う夢を見るのでした。

この名探偵と横溝作品の裏には、物事を生み出すためのヒントが隠されています。『本陣殺人事件』『獄門島』『八つ墓村』『犬神家の一族』の原作は、終戦直後、昭和21年から25年に発表されています。当時としては、独自性の強い作風でした。それまでの名探偵と言えば、明智小五郎のように西洋風な人物が常識だったにもかかわらず、金田一耕助は日本を強く匂わせます。作品も、日本の田舎に残っていた因縁や風習をからませた怪奇現象を論理で解き明かす内容でした。何がこのような発想を生んだのでしょうか。

横溝正史は明治35年神戸市に生まれ、大阪薬学専門学校（大阪大学薬学部の前身）を卒業します。作家を目指して上京しますが、不遇な時代が続きました。昭和20年、都市部への空襲が激化し、父の故郷である岡山県吉備郡岡田村に疎開。岡田村の風習は、都会育ちの横溝にとっては驚くべきものでした。

「都会では死滅語にもひとしい家柄という言葉が、そこではいまなお厳然として生きており、同族意識が極端に強く、したがってよそものに対する排他精神や警戒心が、都会人には考えられないほど根強いことを知った」（横溝正史『本格探偵小説への転機』）

この実体験が、田舎に残る因縁や風習を題材にした横溝作品の原点です。

画期的なアイデアの多くが、こうした個人的な体験を起爆剤として生まれています。個人的な実体験が伴わないとユニークなアイデアを出すのは困難です。

たとえば、他人の論文や教科書を読んでアイデアを出したとします。いいアイデアを思いついたと思っても、おそらく世界中で1万人くらいは同じアイデアを思いついているのではないでしょうか。そのアイデアを実行しようとすれば、1万人との競争になります。論文や教科書を読むだけでは、なかなか独自のアイデアや解決法は生まれません。論文や教科書は多くの人たちが読んでいるからです。

いっぽう、個人的な体験は自分しか知らないことです。たとえば、研究室で実験していて、予想しなかった結果が出ることがあります。もしくは、街を歩いていて不思議な体験をしたとします。これは自分しか知らないことです。

こういった「自分しか知らない」ことを出発点にして、そこに教科書で習ったことや他の人の研究を組み合わせてアイデアを出せば、ユニークなアイデアになる可能性が高まるのです。

壮大な独自のアイデアへのヒントは、自分の体験という、意外と身近なところにあるのかもしれません。

宿題講評3
Homework Review

「最強のDNA」

学生に「効率の良い勉強法」についてよく質問されます。私の答えはいつも「活学（かつがく）」です。

毎日、私たちは自らの体を使って何らかの体験をしています。その体験から独自のアイデアに結びつくと言いました。体験にはもうひとつの利点があります。自分自身が行なっている行動に関係する事柄であれば、頭に入りやすいということです。このような体験を伴う勉強を「活学」と言います。いっぽう講義のように体験を伴わない勉強は「死学」と呼ばれます。

たとえば、ある学部学生が研究室に配属されたとします。研究室で最初に取りかかったプロジェクトは、ある化合物を分析機器で解析すること。自分で機器を操作し、その結果を解析して、報告する必要があります。学部講義で分析化学の分厚い教科書を読んだときにはまったく頭に入らなかったのが、自分で分析するとなると、同じ教科書が宝の地図のように見えてきます。貪（むさぼ）るように読むことができます。体験を伴うと、知識の入り方は10倍以上になります。これが「活学」です。

ところが体験には限度があります。人生の中で体験する事柄は限られます。活学ですべてのことを学ぼうとすると、すべてのことを体験する必要があります。人生は短い。とてもそんな時間はありません。ということは、今日している体験はとても貴重だということです。体験は必ず学習やアイデアに結びつけるように心がけましょう。限られた体験を大切に利用すべきです。

さらに、体験をできるだけ増やすことを心がけるのも大切。短い人生です。いろいろなことにチャレンジしてみましょう。通学路も同じ道ではなくて、たまには変えてみましょう。体験を増やせば、知識やアイデアは増えます。

では、今回も宿題を見てみましょう。

これ（左図）はユニークな発想ですね。テレビを見て**「最強のＤＮＡ」**という言葉が気になっていたのでしょう。おそらく、過酷な試練に耐えうる肉体を生み出す遺伝子を持っているというような意味なのでしょう。でもそれでは面白くありません。発想を変えて、いろいろな過酷な状況に耐えうることができる最強のＤＮＡ配列があるのだろうかと考え

「史上最強のDNA!」などと格闘技ではよく耳にしますが、DNA自体のいろいろな環境への耐性を調べて、本当に最強のDNAを考える実験。

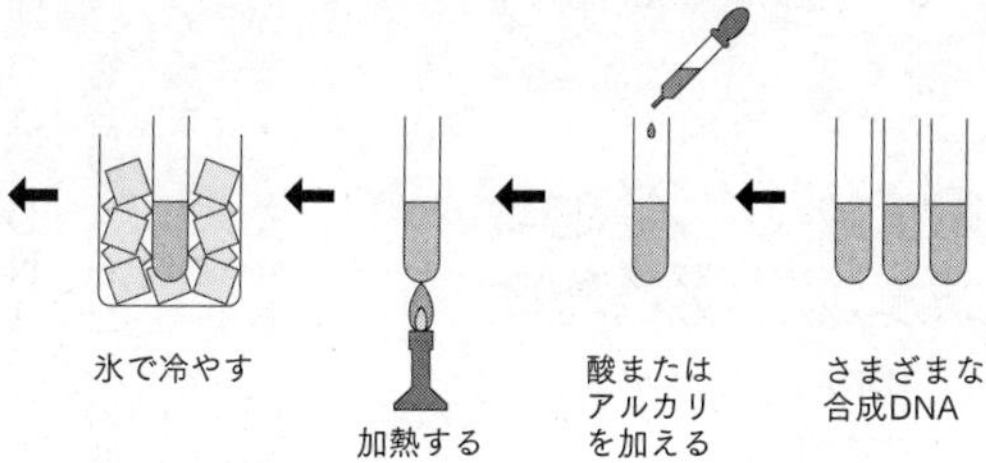

たのですね。

この宿題の方法では、いろいろな過酷な環境にさらした後、残ったDNAを分析します。そのDNAは少ないかもしれません。少ないものは分析しにくいですね。

そこで、残ったDNAをPCRで増幅させたらどうでしょう。そして、さらに過酷な環境にさらします。こんどは強い光を当てたり、熱をかけたり、電子レンジにかけてもいいでしょう。それでも残ってくるDNAがあれば、それをまたPCRで増やします。そして増えたDNAをまた過酷な環境にさらして、またPCRで増やします。これを10ラウンド繰り返すと、強いDNAだけが残ってくるのかもしれません。

同じような考え方に、1990年ごろ気づいた研究者がいました。ハーバード大学のジャック・ショスタック教授です。これから紹介するのは**「試験管内進化法」**です。試験管の中で進化、つまり淘汰をさせているからです。

彼の方法では、ＤＮＡではなくおもにＲＮＡを使います。ＲＮＡは一本鎖のコピーで、タンパク質を合成するための仲介役です。ＤＮＡはどうしても均一で安定な二重らせん構造をとってしまいます。いっぽう、ＲＮＡは一本鎖なので、いろいろな構造をとることが知られています。だから、配列の違いによって異なる機能を持ったＲＮＡが見つかりやすいのです。

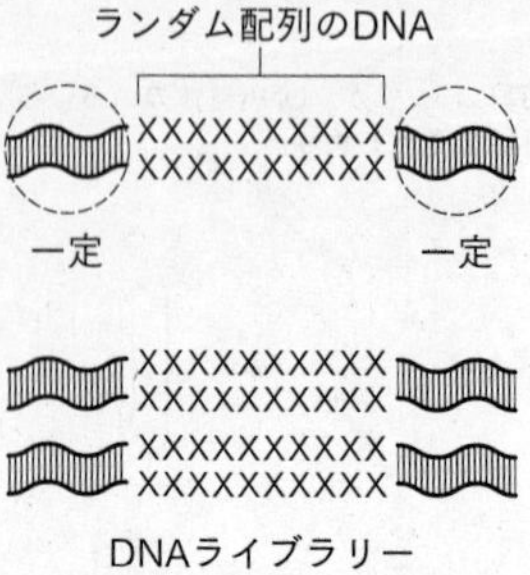

試験管内進化法ではまず、ＤＮＡ合成機を使って、さまざまな配列を持ったＤＮＡの集団（ＤＮＡライブラリー）を作ります。

ただし、その両端は一定の配列にしておきます。

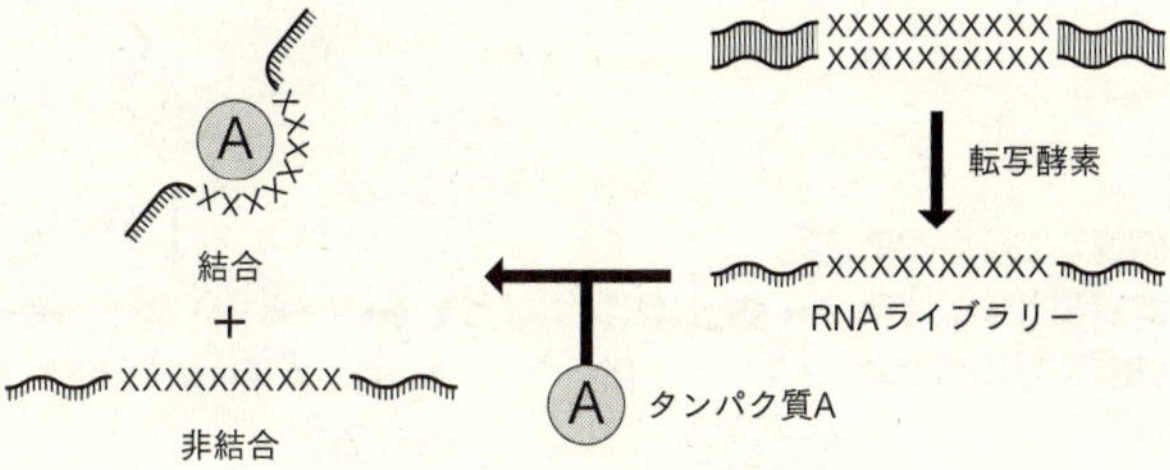

そのＤＮＡを特殊な酵素（転写酵素）を使ってＲＮＡの集団（ＲＮＡライブラリー）にします。

このＲＮＡにタンパク質Ａを加えて、タンパク質Ａに結合したＲＮＡと結合しなかったＲＮＡに分けます。

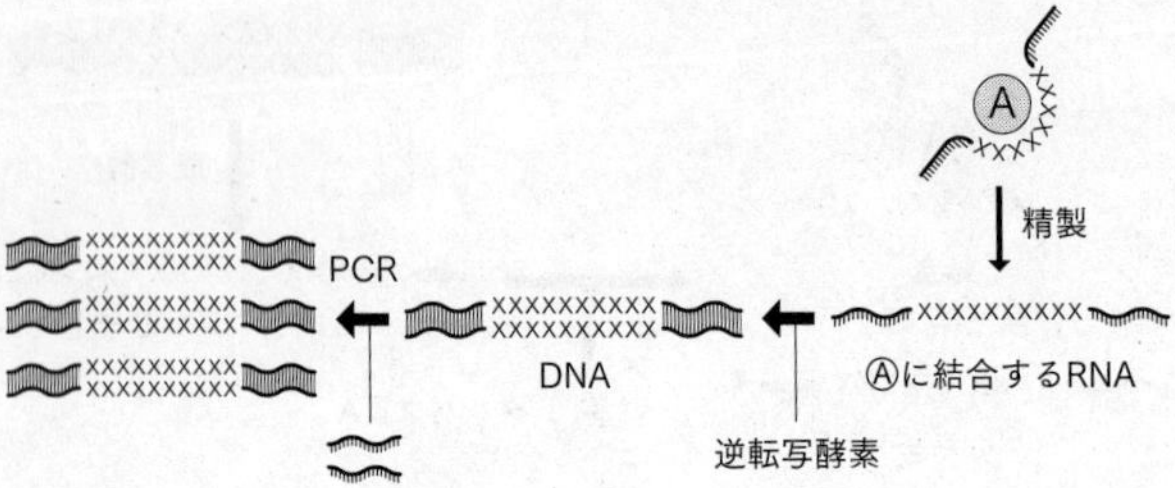

タンパク質Aに結合したRNAを精製します。タンパク質Aに結合するのは、RNAライブラリーの中にある少数のRNAでしょう。

この稀なRNAを逆転写酵素という特殊な酵素を使って再びDNAに変換します。

変換したDNAをPCRで増やします。

もともとのDNAライブラリーの両末端は固定しておいたので、その配列に相補的なプライマーを使えば、DNAをPCRで増幅できます。

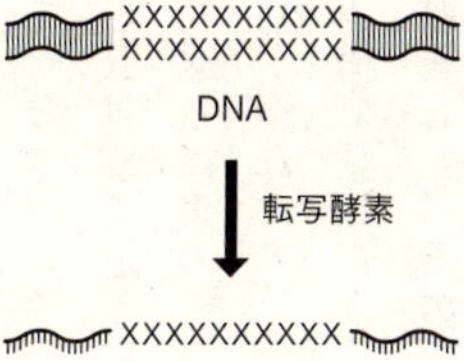

増幅したDNAは転写酵素を使って再度RNAに変換します。

これで1ラウンド終了です。この作業によって、タンパク質Aに結合するRNAは増幅されたことになります。

この増幅されたRNAライブラリーを使って、同じ作業を「繰り返す」のです。そうすれば、RNAライブラリーはタンパク質Aに結合するRNAばかりになっていくのです。結合する条件を厳しくしてやれば、最終的にはタンパク質Aに強く結合するRNAが数種類まで淘汰されます。10ラウンドほど繰り返せば、かなり強く結合するRNAが選ばれてきます。このように特定のタンパク質や物質に結合するＲＮＡを**「ＲＮＡアプタマー」**と言います。

ＲＮＡアプタマーで薬を作ることもできます。アメリカのネクスター社は、血管内皮細胞増殖因子というタンパク質に結合するＲＮＡアプタマーを発見しました。この因子は私たちの体の中に存在していて、新しい血管を作れ！ という命令を出しています。血管内皮細胞増殖因子に結合するＲＮＡアプタマーは、血管の新生を阻害すると考えられます。実際に、眼の中に異常に血管ができて失明に至る加齢黄斑変性症という病気に効果的で、２００４年に米国で新薬として認可されました。現在では世界中で治療薬として利用されています。

ＰＣＲは繰り返しによる増幅のアイデアです。このアイデアをうまく利用して、さらなる繰り返しによって「進化」を試験管の中で実現したのです。繰り返しによる増幅を繰り返す――優れたアイデアです。

第４講で話したように、ミュージカルでは繰り返すことによってメロディーの記憶が増幅されました。そのミュージカル自体を繰り返し観れば、繰り返しによる増幅がさらに繰り返されます。映画は同じものを何度も見ようとは思いません。ところがミュージカルは、観るたびに惹きつけられることがあります。

繰り返しによる増幅を繰り返すと、不思議な力が出てくるのかもしれませんね。

アミノ酸は美味しい

さぁ、宿題の解説はこれぐらいにして、次に進みましょう。第5講は「タンパク質を作る」です。一般の人にタンパク質と言えば、食べ物を意味することが多いですね。タンパク質が食べ物になるのは、私たちの身体がタンパク質でできているからです。

私たちの身体のかなりの部分は、水分、タンパク質、ミネラル、脂肪でできています。体脂肪体重計にのると、体脂肪の重さと、除脂肪（体脂肪以外の体重）に分けられますね。第7講で詳しく説明しますが、脂肪は糖分の貯蔵庫で、エネルギーを蓄えるタンクです。生き物は万が一、食べ物がなくなれば、この貯蔵タンクのエネルギーを使って生き延びます。ですから、身体の組成は脂肪と除脂肪に分けて考えます。

脂肪を除いてしまうと、残るのは骨（ミネラル）と水分とタンパク質です。これが身体の基本的構成要素です。水分は身体の30％くらい。いっぽう、タンパク質は10％ほどです。タンパク質はコラーゲンなどの骨格、毛髪、皮膚、筋肉といった人の身体の機能の根幹をなす部分を形成しています。

この水分とタンパク質を維持するために、私たちは水を飲み、タンパク質を食べます。タンパク質はアミノ酸からできています。肉などのタンパク質を食べると、消化されてアミノ酸として吸収されることを小学生のときに習いました。そう、身体を形成するパーツを食べ物から摂取（せっしゅ）して、それをまた身体の中で組み立て直すことでタンパク質の量を維持しているのです。

遺伝子も同じでした。第4講で話したように、私たちは他の生き物の遺伝子を食べて遺伝子を作り、子孫に伝えています。だから、鰹節のうまみ成分のイノシン酸や干ししいたけのうまみ成分グアニル酸などの「核酸系うまみ物質」を美味しく感じます。

タンパク質も同じ。アミノ酸のいくつかを私たちは美味しいと感じます。これは、生き残るために、そして最終的には子孫に遺伝子を伝えるために、私たちにタンパク質を摂取させようとする本能なのです。

たとえば、昆布だしについて考えてみましょう。１９０７年に池田菊苗博士は昆布だしの味の成分がグルタミン酸であることを発見しました。グルタミン酸はアミノ酸のひとつです。大学での書き方だと構造はこうなります。

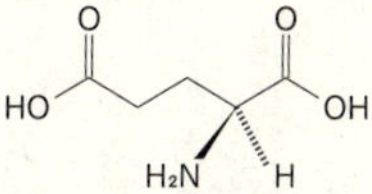

グルタミン酸の構造

これが「味の素」の正体です（実際はカルボン酸が中和されたナトリウム塩です）。グルタミン酸のようなアミノ酸由来のうまみ物質を「アミノ酸系うまみ物質」と言います。

「イカの塩辛」はイカそのものよりも美味しいですね。なぜ元のイカよりも美味しくなるのでしょう。それはイカの身が内臓と混ぜ合わされ、内臓の酵素反応によってイカのタンパク質が分解されてアミノ酸になるためです。

市販されている化学調味料は、前出の「核酸系うまみ物質」と混ぜ合わせたものが多くなっています。その比率は「アミノ酸系うまみ物質」対「核酸系うまみ物質」＝97・5対2・5が主流なようです。両方を混ぜ合わせると、一層おいしく感じるからです。日本料理で、アミノ酸の昆布だしと核酸の鰹だしを合わせるのはこのためです。京都では精進料理を出すお店があります。精進料理では昆布は使えますが、殺生を禁じているため鰹は使えません。そこで精進料理では核酸系のだしとして、干ししいたけを使います。精進料理でも両方が必要です。だからこそ、魚や肉がなくとも満足する料理に仕上がるのです。

昆布だしのグルタミン酸と鰹だしのイノシン酸の相乗効果はなぜ起こるのでしょうか。

米国の研究グループが2008年にひとつの考え方を提案しています。

人の舌の細胞表面には、味を感じる「味覚受容体」と呼ばれるタンパク質があります。うまみ、苦み、甘みなどを感じる受容体がこれまでの研究で見つかっています。研究によると、グルタミン酸とイノシン酸がうまみを感じる「T1R1」という受容体に同時に作用しているというのです。イノシン酸が受容体に結合すると、グルタミン酸が結合しやすくなって、うまみを感じやすくなると言います。

遺伝子とタンパク質という生命の本体を作るために、そして生命を維持して、子孫を残すために、核酸とアミノ酸を摂取するように私たちの身体はすでに仕組まれています。大学生にもなると、彼女（彼氏）を作って、共に食事に出かけます。好きな人を見ながら美味しいものを食べると至福を感じてしまいますね。美味しい食事から核酸とアミノ酸を摂取し、遺伝子とタンパク質を作る準備をしながら、美しい彼女（カッコイイ彼氏）でも見れば、遺伝子を伝達することに直結するからでしょうか。

私たちは遺伝子を伝達することのために生かされているのです。次回のデートを成功させようと思えば、核酸とアミノ酸がたっぷり入った食事をしてくださいね（笑）！

食べ物の味は、いろいろなアミノ酸が決定している

ここで、アミノ酸の構造を書いてみましょう。アミノ酸が書けなければ、タンパク質は書けません。アミノ酸は両末端にアミン（$-NH_2$）とカルボン酸（$-COOH$）を持っています。一般的な構造を書くとこうなります。

真ん中にあるRの部分はアミノ酸の種類によって異なっていて、**側鎖**（そくさ）と呼ばれます。

タンパク質を構成しているアミノ酸は、特殊なものを除けば、20種類あります。大学の一般的な講義では、これらの20種類の構造を物性（疎水性や親水性など）で分類します。それでは面白くないので、ここでは「味」で分類してみましょう。すべてを大学の書き方をすると左図のようになります。

甘いアミノ酸や苦いアミノ酸の中でも、その味はいろいろです。たとえば、バリンには苦みもありますし、システインやメチオニンには苦みの中にも少し甘みがあります。チロシンは苦いといっても、味は薄い。

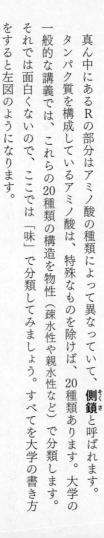

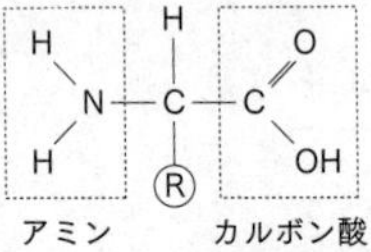

アミノ酸の一般的な構造

味で分類した20種のアミノ酸

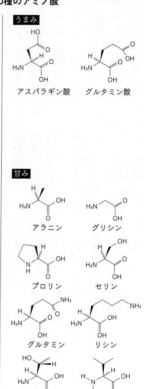

苦み

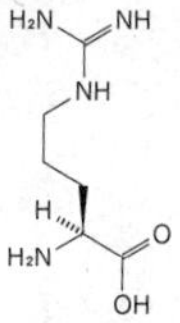

アルギニン

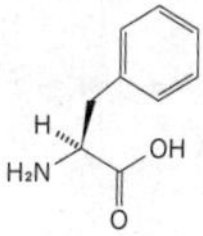

フェニルアラニン

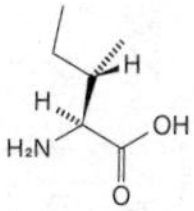

イソロイシン

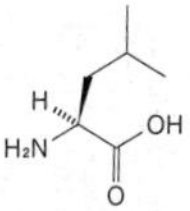

ロイシン

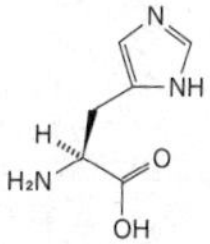

ヒスチジン

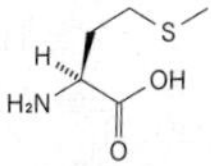

メチオニン

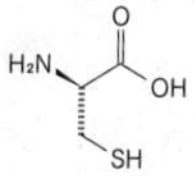

システイン

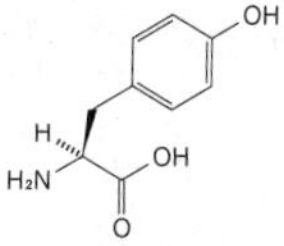

チロシン

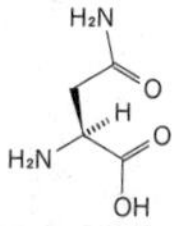

アスパラギン

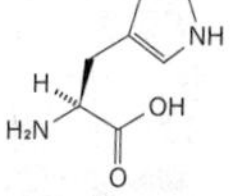

トリプトファン

うまみ

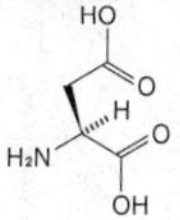

アスパラギン酸

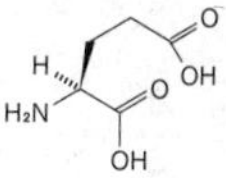

グルタミン酸

甘み

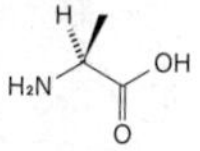

アラニン

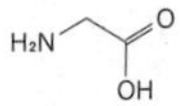

グリシン

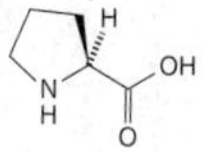

プロリン

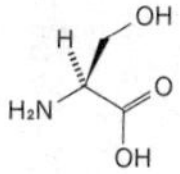

セリン

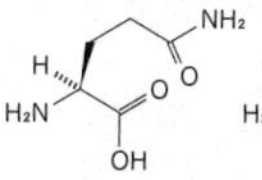

グルタミン

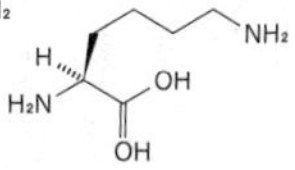

リシン

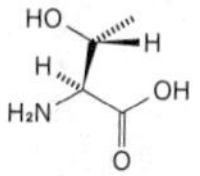

トレオニン

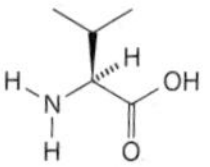

バリン

いろいろなアミノ酸が混じって、食べ物の味を決定しています。有名なのはウニの味。ウニにはグルタミン酸、グリシン、アラニン、バリン、メチオニンのアミノ酸、そしてDNAの元になっている核酸系のイノシン酸やグアニル酸が入っています。グルタミン酸と核酸系うまみ成分が入っているから旨(うま)いのです。

ここに、グリシン、アラニン、バリンの甘いアミノ酸、そして、苦いメチオニンが入ってウニの独特な味になります。これらの成分を混ぜると本当にウニの味がします。

グルタミン酸やアスパラギン酸といったうまみ成分ばかり食べても、人間は飽(あ)きてしまいます。さまざまな味を人間は楽しみます。「飽きる」ことで、さまざまなアミノ酸をバランスよく摂取するように人間は仕組まれているのかもしれません。

食べ物からアミノ酸を吸収すれば、それらをつなぎ合わせてタンパク質を作る必要があります。アミノ酸は両末端にアミン（$-NH_2$）とカルボン酸（$-COOH$）を持っています。これらのアミンとカルボン酸を次々とつないでいくとタンパク質になります。アミンとカルボン酸をつないだこの結合のことを**ペプチド結合**と呼びます。アミンとカルボン酸がつながるとき、水（H_2O）が抜けます。

構造式で書くとこうなりますね（左図）。

ここで面白いことがあります。

アミノ酸がつながったタンパク質やペプチド（短いタンパク質）は、元のアミノ酸とは性質が異なるのです。味も違います。

20種のアミノ酸がつながって、多様な性質のタンパク質ができあがる——。この多様な性質によって、私たちの複雑な体ができあがるのです。

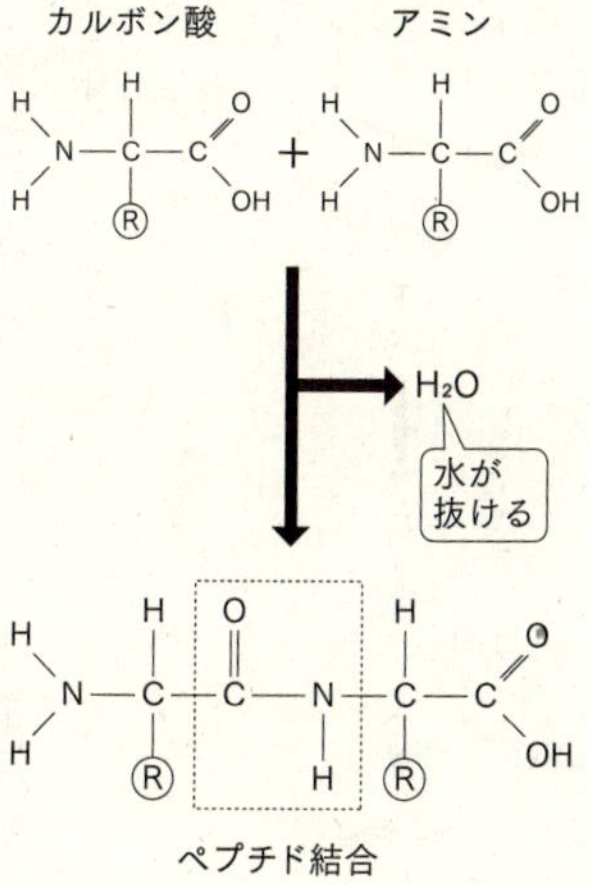

アミンとカルボン酸をつなぐ
ペプチド結合

生命の設計図が解けた瞬間

DNAの中に書き込まれたATGCのアルファベットの順序が私たちの身体の設計図です。DNAはその情報を保存し伝えるためにある物質。ここからタンパク質を作る場合、まずRNAに変換されます。つまり、RNAはDNAの情報をタンパク質に伝えるための運び屋になります。ここで、A、G、Cはそのまま書き写されますが、T（チミン）はU（ウラシル）に変わります。

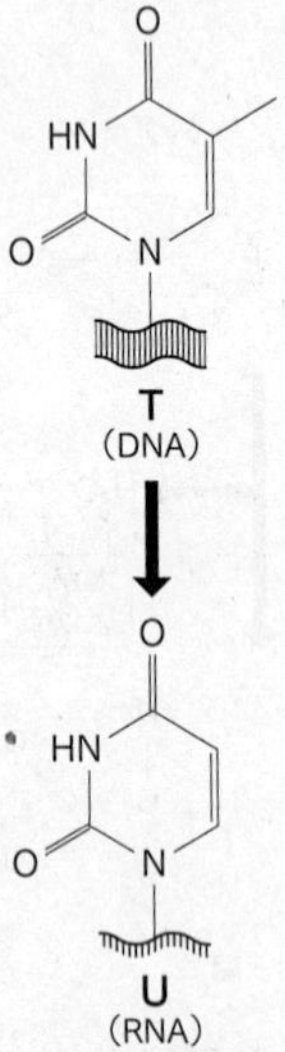

T（チミン）は
U（ウラシル）になる

1961年、マーシャル・ニーレンバーグ教授とハインリッヒ・マッシー教授がある発見をします。アミノ酸の一種フェニルアラニンを示すRNAのアルファベットの配列がUUUとなることを発見したのです。UばかりでできているRNAがフェニルアラニンからなるタンパク質を作ったからです。

科学では、一旦すべてを同じにするとどのような結果になるかという実験がよく行なわれます。クリアな結果が出るからです。同じような実験を行なって、AAAはリシン、CCCはプロリンを示すことがわかりました。

これをきっかけに、このRNAのアルファベット3文字分でひとつのアミノ酸の種類を特定していることが次々と解明されます。アミノ酸は20種類あります。他のアミノ酸は他のRNA配列で示されているはずです。1965年、遺伝暗号表が初めて学会で報告されました。

次ページの図を見てください。どの3文字がどのアミノ酸を特定しているかがわかります。ここで着目すべきは、配列にUAA、UAG、もしくはUGAが出てくるとタンパク質の合成がストップするということです。これらの配列がタンパク質の末端を指定しています。

2文字目

1文字目	U		C		A		G		3文字目
U	UUU	①	UCU	⑦	UAU	⑪	UGU	⑱	U
	UUC		UCC		UAC		UGC		C
	UUA	②	UCA		UAA	Stop	UGA	Stop	A
	UUG		UCG		UAG	Stop	UGG	⑲	G
C	CUU	③	CCU	⑧	CAU	⑫	CGU	⑳	U
	CUC		CCC		CAC		CGC		C
	CUA		CCA		CAA	⑬	CGA		A
	CUG		CCG		CAG		CGG		G
A	AUU	④	ACU	⑨	AAU	⑭	AGU	㉑	U
	AUC		ACC		AAC		AGC		C
	AUA		ACA		AAA	⑮	AGA	㉒	A
	AUG	⑤	ACG		AAG		AGG		G
G	GUU	⑥	GCU	⑩	GAU	⑯	GGU	㉓	U
	GUC		GCC		GAC		GGC		C
	GUA		GCA		GAA	⑰	GGA		A
	GUG		GCG		GAG		GGG		G

①フェニルアラニン
②ロイシン
③ロイシン
④イソロイシン
⑤メチオニン
⑥バリン
⑦セリン
⑧プロリン
⑨スレオニン
⑩アラニン
⑪チロシン
⑫ヒスチジン
⑬グルタミン
⑭アスパラギン
⑮リシン
⑯アスパラギン酸
⑰グルタミン酸
⑱ミステイン
⑲トリプトファン
⑳アルギニン
㉑セリン
㉒アルギニン
㉓グリシン

アミノ酸を特定する３文字

この遺伝暗号の解明で、マーシャル・ニーレンバーグ教授はロバート・ホリー教授、ハー・ゴビンド・コラナ教授と共に１９６８年のノーベル生理学・医学賞を受賞しています。ここで私がみなさんにご紹介したいのは、３人のうち最後に挙げたコラナ教授です。コラナ教授は第４講で紹介したＤＮＡの化学合成法を開発した人です。コラナ教授はインドの寒村で育ちました。インドで有機化学の修士号を得て、政府留学生としてイギリスに留学。その地で有機化学で博士号を得て、その後スイスとイギリスで研究をします。

彼は望郷の思いからインドに帰ろうとしました。しかし、インドでの研究職は得られませんでした。ロンドンのインド大使館近くにカナダ大使館があります。そこで偶然に求人広告を見つけました。これが発端となり、カナダ・バンクーバーの国立研究所で初めて自分の研究室を開くことになるのでした。

カナダはコラナ教授に研究の機会を与えました。後にコラナ研究室に留学した北海道大学名誉教授の大塚栄子(おおつかえいこ)先生の手記によると、ノーベル賞受賞が伝えられて多くの新聞記者が詰めかけたとき、コラナ教授は「バンクーバー・プレスだけは喜んで会う」と言ったということです。

もともとコラナ教授は、タンパク質の化学合成に興味がありました。ところが、イギリス時代に使っていた試薬をカナダで使っているうちに、DNAのパーツをつなぎ合わせる化学反応を偶然に発見します。これが、第4講で紹介したDNAの化学合成法の開発につながるのです。

コラナ教授は後にウイスコンシン大学、マサチューセッツ工科大学へと招聘(しょうへい)されます。その間の1961年、マーシャル・ニーレンバーグ教授とハインリッヒ・マッシー教授が、フェニルアラニンがUUUによって示されていることを発表しています。1965

年、コラナ教授のグループは先の図で紹介した遺伝暗号の3文字すべての組み合わせ64種を化学合成し、遺伝暗号の解析を行なったのでした。

遺伝暗号の解読——生命の設計図が解けた瞬間です。学生のみなさんに覚えておいてもらいたいのは、教科書に載っている大発見はいずれも生身の人間が行なったということです。

私たちがコラナ教授の経験から学ぶことは多い。良いときばかりでなく、悪いときもあったでしょう。にもかかわらず、偶然やってきたチャンスの小さなかけらを逃さず、工夫し続けてきた成果なのです。

そう、偶然やってきたチャンスをチャンスとして受け止めなければならないのです。

タンパク質の「折りたたみ」現象の発見

昔、カセットテープというものがありました。情報は紐状のものに保存されています。

DNAは紐、RNAも紐です。情報を伝える物質だからです。そこからできるタンパク質も紐です。まっすぐに伸びた紐は情報を伝えることはできますが、さまざまな機能を果たすことはできません。均一すぎます。しかし、タンパク質は私たちの身体の中で「機能」を発揮しています。どうすれば、紐が機能を発揮できるのでしょう。

その答えは、P102でも紹介した「折りたたみ」にあります。紐がさまざまな形に折りたたまれれば、紐ではなく、さまざまな形をした物質になりえます。形が変われば、機能も変わります。

この折りたたみの謎を解き明かしたのが、カリフォルニア工科大学のライナス・ポーリング教授です。ポーリング教授は、この折りたたみの問題を解くと同時に化学結合の本質に関する研究でノーベル化学賞を1954年に授与され、核実験の反対運動でノーベル平和賞を1962年に受賞しています。単独でノーベル賞を2度受賞した唯一の科学者でした。

1948年春、ポーリング教授は客員教授としてオックスフォード大学に滞在していました。しかし、運悪く風邪を引いてしまい、部屋に閉じこもっていました。推理小説やSFにも飽きてしまい、1枚の紙を取り出します。そこにペプチド結合したアミノ酸を正確に書いたのでした。

ポーリング教授は、それまでの実験で、アミノ酸自身の構造やアミノ酸が数個連なったペプチド（短いタンパク質）の構造を詳しく正確に理解していました。ペプチドを正確に紙に書き、その紙を折って、ああでもない、こうでもないと、試行錯誤してみたのです。

DNAの構造について説明したときに、水素結合の話をしました（P80）。LOVEとLIKEのLOVEの方です。そのときに、水素結合のパターンも書きましたね。水素結合には－NHや－C＝Oがよく出てきます。2つともペプチド結合にはあります。すべての－NHや－C＝Oが水素結合するように気をつけながら紙を折っていくと、ひとつの折りたたみ構造に気づきます。

「アルファ・ヘリックス」――ポーリング教授はそう名づけました。1951年の2月28日（これは彼の50歳の誕生日）にその構造を発表します。左図を見てください。

これがアルファ・ヘリックスです。－C＝Oが4つ離れたアミノ酸の－NHと水素結合して、全体がらせん構造になっています。この構造だとすべての－NHや－C＝Oが水素結合していてしっかりとした構造になります。これが髪の毛やヘモグロビンといったタンパク質の構造を説明する構造になります。

ポーリング博士の例から学べるのは、**「暇なときにアイデアを生むことがある」**ということです。それはなぜでしょうか。

急いでアイデアを考えると、誰でも思いつくようなアイデアになりがちです。暇をもてあまして、陳腐なアイデアを出しつくしたときに、初めて画期的なアイデアをひねり出すことがあります。

そう、アイデアを出しつくしたときこそ、チャンスなのです。アイデアがポンポン出てくる間は、風変わりなアイデアを思いつくことは困難です。ストレートなアイデアばかり

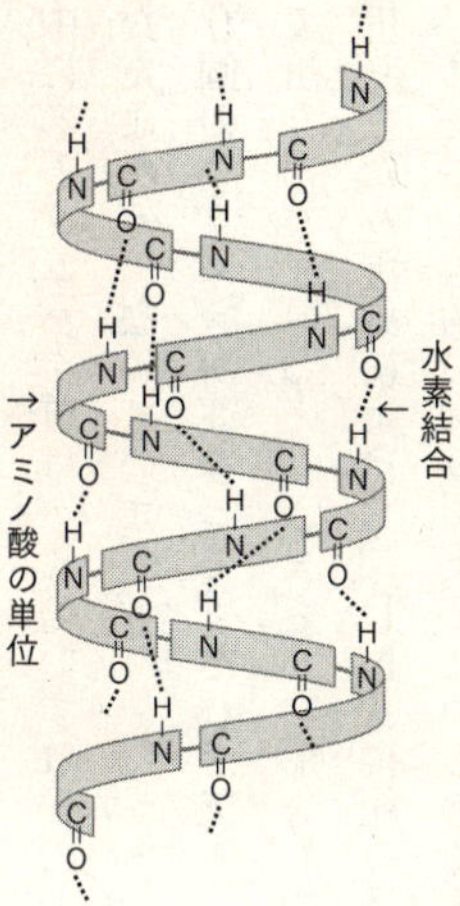

遺伝子の折りたたみ構造
アルファ・ヘリックス

思いつきます。しかし、ストレートなアイデアが出しつくされたとき、通常の思考法では何もアイデアが出なくなったとき、時間をかけて無理やりアイデアをひねり出していると、革新的なアイデアに結びつくことがあるのです。

この翌月、ポーリング教授らはまた異なる構造を提案します。これは**「平行ベータシート」**と呼ばれるたたまれ方です。平行に配置した2本のペプチド鎖が、水素結合により固定されて、平板状になっています。このたたみ方でも多くの－NHや－C＝Oが水素結合しています。

なお、いっぽうのペプチドを逆方向にした「逆平行ベータシート」と呼ばれる構造もあります。

私たちの身体の中にあるタンパク質は、このいずれかのたたまれ方か、これらのいくつかを組み合わせたたたまれ方になっています。

たとえば、300個のアミノ酸が連なって、それがアルファ・ヘリックスやベータシートに組み合わさって折りたたまれると、さまざまな形をしたタンパク質を作ることが可能となります。この折りたたみ現象によって、DNAに組み込まれた遺伝情報は、情報ではなく、機能になり、私たち生き物の営みを支えているのです。

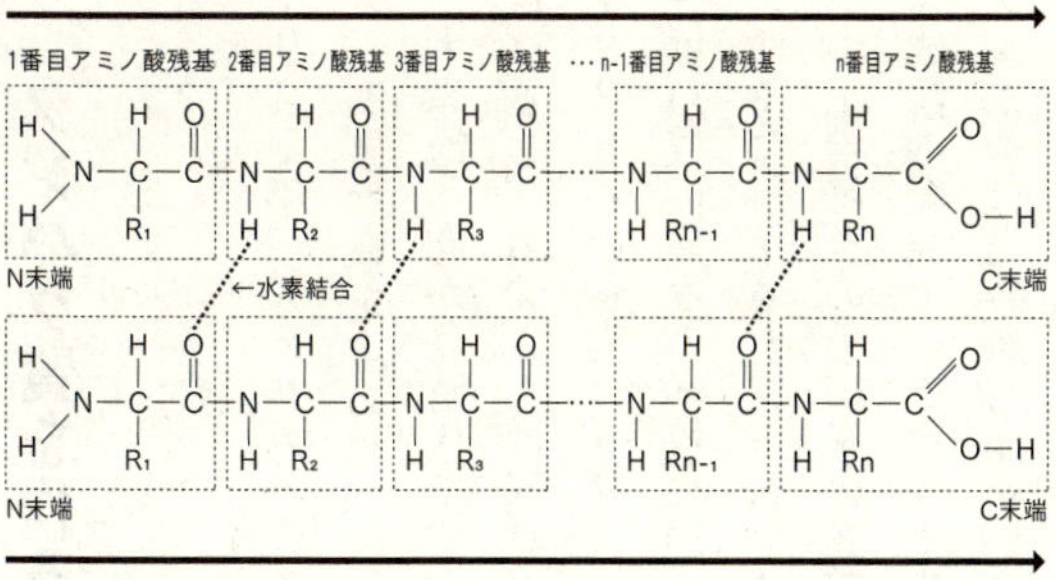

平行ベータシート

ポーリング教授は１９９４年に93歳で亡くなります。実は、ポーリング教授はタンパク質だけではなくＤＮＡの構造も推測していました。アルファ・ヘリックスの発見が１９５１年、ワトソンとクリックによるＤＮＡ二重らせんの発見が１９５３年。

ポーリング教授によるアルファ・ヘリックスの発見は、「生体高分子の構造はらせんの形をしていて、水素結合によって安定化されている」という予言でもありました。しかし、ポーリング教授自身の出したＤＮＡモデルは二重らせんではなく三重らせんでした。

もし、二重らせんのモデルを提案していたら、ポーリング教授はノーベル賞を３つもらっていたかもしれませんね。

タンパク質を作る画期的なアイデア

１９２１年、アメリカのテキサス州でひとりの男の子が生まれます。その子が１歳半のとき、家族は職を求めて、当時舗装されていなかった道をカリフォルニアへ向かいました。大恐慌へ向かう時代です。職はなかなかありません。カリフォルニアでも、職を求めて転々とし、お父さんは家具のセールスマンなどをして生計を立てます。

１９２８年から南カリフォルニアのモンテベロ高校に入学するまで、25回引っ越し、男の子は11校の異なる学校に通ったのでした。男の子は高校で初めて化学という学問と出会い、すぐに魅了されたと言います。

その化学好きの男の子の名前はロバート・ブルース・メリフィールド――後にタンパク質合成法の開発でノーベル化学賞を受賞する科学者です。

ブルースは当時新しかったカリフォルニア大学ロサンゼルス校（ＵＣＬＡ）を１９４３年に卒業し、フィリップ・パーク研究財団の研究所で研究助手として働き始めます。彼の役割は、ラットや鶏の世話をして、餌をやり、体重を量り、実験動物の小屋の掃除をすることでした。ブルースは自分で研究をデザインするためには、大学院へ進学しなければならないことに気づきます。

ブルースはUCLAに大学院生として戻り、教員補佐として生化学（生命現象を化学的に研究する生物学、化学の一分野）の講義を助けます。この生化学の講義を補佐する仕事は、彼の後の人生に大きな変化をもたらします。なぜならば、その生化学の講義には、赤毛の長い、とてもかわいらしい女学生がいたのです！

後にブルースの奥さんとなる彼女――エリザベス・ファーロングは言います。

「その教員助手にはすぐに夢中にさせられたわ」

2人はテニス、スケート、ハイキング、キャンピングを楽しみました。ブルースはUCLAからもらった最初の給料で指輪を買ってプロポーズします。博士課程終了直前に、ニューヨークのロックフェラー医学研究所（現在のロックフェラー大学）で博士研究員をしないかと教授に推薦されます。それはブルースにとってとても魅力的でした。その職に就くのは1949年7月1日付です。ブルースは6月19日にUCLAから博士の学位を授与され、翌日20日、エリザベスと結婚します。21日、1935年製のフォードに乗り込み、東海岸のニューヨークにむけてキャンピング・ハネムーンに出発しました——ヨセミテ国立公園に始まり、最後はニュージャージーのレストランまでの旅です。

ロックフェラー医学研究所の優れた教授陣は、ブルースに大きな影響を与えます。ブルースの博士研究員の契約は1年だけでしたが、それは延長され、助手、准教授、そして1966年には教授に昇進します。

ロックフェラー医学研究所では、ブルースはタンパク質の研究をしていました。身体の中でさまざまな働きをする短いタンパク質が見つかりましたが、その構造を確認するために化学合成をする必要がありました。当時の方法は非常に効率が悪く、6個のアミノ酸をつないだ短いタンパク質(ペプチド)を合成するのに11カ月も要したのでした。1959年、ブルースはタンパク質を効率良く合成するためのアイデアを思いつきます。

それが固相合成という考え方です。これはDNAの化学合成のとき(P117)にも話しましたね。固相合成のアイデアでは、反応する2つの物質のうちいっぽうをビーズにくっつけて、そのサイズを極端に大きくします。最初のアミノ酸をビーズに結合させます。そして、次のアミノ酸を過剰量加えて、ビーズの上にあるアミノ酸とペプチド結合させます。余ったアミノ酸を洗い流し、また次のアミノ酸を過剰に加えてペプチド結合させ、洗い、また次のアミノ酸に結合させます。このようにして、目的とするタンパク質ができれば、最後にビーズからタンパク質を切り出すのです。

この考え方は1959年の5月26日にブルースが書いた実験ノートにはっきりと書き留められています。その基本的アイデアは、現在使われているアイデアとほとんど同じです。ブルースはこの実験は3カ月で完了すると考えたのですが、ビーズの種類や反応条件の選定、そしてもうひとつ、**「保護基(ほごき)」**の選定に時間を費やします。

タンパク質自動合成装置の発表

保護基とは何でしょうか。これはDNA合成のときにも出てきました。反応してほしくない部分につけるカバーのようなものです。

たとえば、ビーズに1番目のアミノ酸がくっついているとしましょう。そこに2番目のアミノ酸をつけたい。ペプチド結合を作る試薬を混ぜておけば、ビーズ上で1番目のアミノ酸のアミン（－NH_2）に2番目のアミノ酸のカルボン酸（－COOH）が結合してペプチド結合を作ります。しかし、この2番目のアミノ酸のアミンに2番目のアミノ酸のカルボン酸が結合したり（左図）、2番目のアミノ酸同士が結合してしまったりして、いろいろな化合物ができてしまうのです。

この問題を解決するために、次ページの図のように、アミンに保護基、つまりカバーをつけます。現在ではFMOCという保護基が使われています。

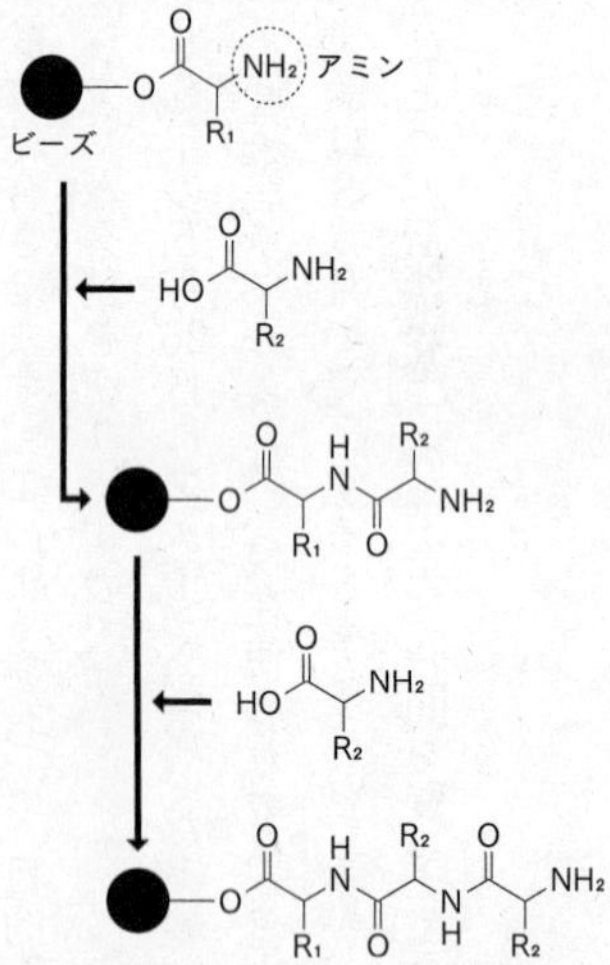

カバーをしないと、反応してほしくない部分が結合して、いろいろな化合物ができる

アラニンのアミン（－NH_2）をＦＭＯＣで「保護」しておけば、複数のアラニンが反応することはありません。このＦＭＯＣは、結合反応が終わった後に、弱アルカリの条件で簡単に除くことができます。

つまり、こうです。まず、最初のアミノ酸をビーズに結合させます。その次にＦＭＯＣがついたアミノ酸を多めに加えて結合させます。この際、アミノ基（－NH_2）がＦＭＯＣで保護されているので、ひとつしかアミノ酸はペプチド結合しません。

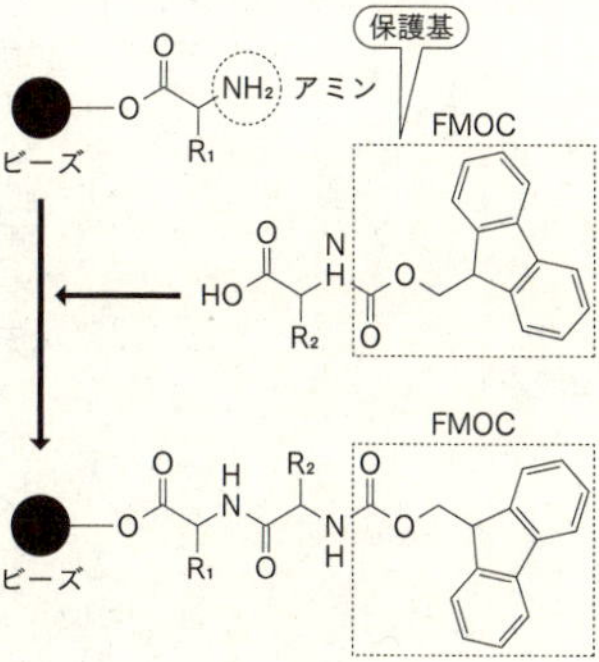

FMOCという保護基をつける

よくビーズを洗って、余分な試薬を洗い流します。そして、弱アルカリ性の試薬を加えて、FMOCを取り外し、よく洗い流します。これで、ペプチドの末端に新しいアミン（$-NH_2$）が露出されるのです。

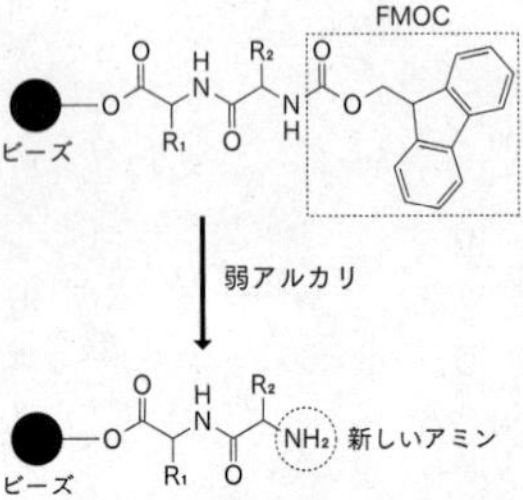

FMOCを取り外すと新しいアミンが露出

ここに次のFMOCアミノ酸を反応させ、洗い、弱塩基性試薬を加えて、洗い――という作業を繰り返せば、目的のタンパク質ができるわけです。

もうひとつ厄介な問題があります。

159ページで紹介した20種類のアミノ酸の構造をもう一度見てください。中には、アミン（$-NH_2$）やカルボン酸（$-COOH$）を側鎖（P158）に持っているアミノ酸があります。

これらの側鎖は反応してペプチド結合を作ってしまう可能性があり、副産物ができてしまいます。

そうならないために、側鎖のアミン（$-NH_2$）やカルボン酸（$-COOH$）を「保護」する、つまりカバーをつけておくのです。

ただし、これらのカバーは弱アルカリでは取れないようにしておかねばなりません。そうでなければ、FMOCを取り外すときに取れてしまいます。

たとえば、アラニンの次にアスパラギン酸をつなげると考えましょう。アスパラギン酸の側鎖にはカルボン酸があります。そのために側鎖のカルボン酸が結合した化合物もできてしまいます。

この問題を解決するために、側鎖のカルボキシル基（－COOH）をt－Buという保護基でカバーしておきます。

これで、望みの化合物しかできません。t－Bu基はタンパク質をビーズから外すときに一緒に外れます。

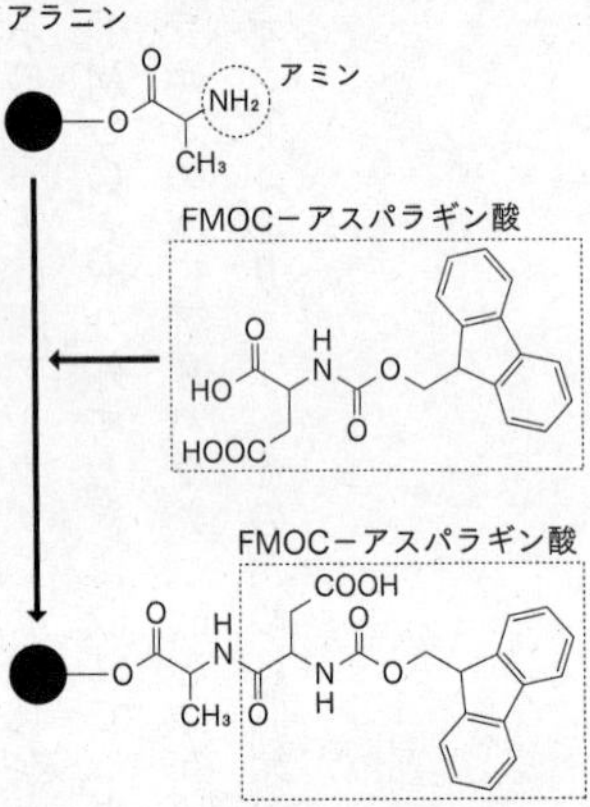

アラニンにアスパラギン酸をつなげる

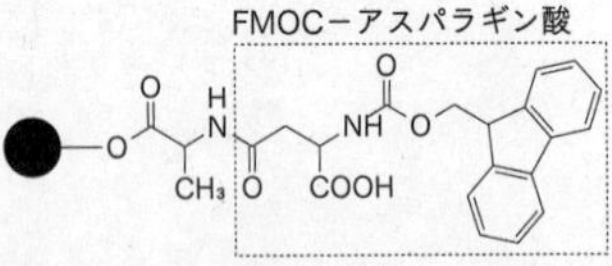

カルボン酸が結合した化合物

1963年、ブルースは固相合成で4つのアミノ酸をつないだペプチドを合成し、タンパク質の固相合成のアイデアをアメリカ化学会誌に発表します。このときはまだ多くの人たちはこの方法の重要性に気がつきませんでした。ブルースは、彼の方法は機械により自動化できると考え、2年後の1965年に人類初のタンパク質自動合成装置を製作し、ネイチャー誌に発表するのでした。これにより、ブルースの方法は一気に広がりました。

タンパク質の人工的な化学合成――しかも、自動合成です。ブルースの方法は後の研究

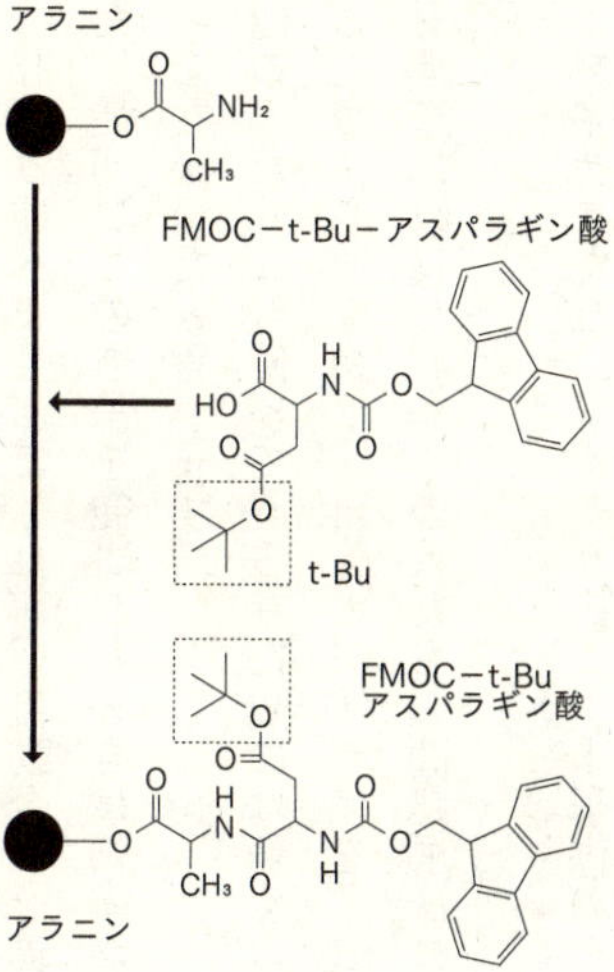

t-Buという保護基でカバーする

に大きな影響を与えます。人工的に化学合成できれば、石油や石ころから大量にタンパク質を作ることができます。さらには、天然にはないような人工タンパク質も作ることができます。医薬品の開発などに大きな影響を与えました。

1984年10月17日、朝の車の通勤渋滞の中にあり、彼はストックホルムからの電話に出られませんでした。ロックフェラー大学のエレベーターに乗り、4階に着いたときにニュースを知らされるのでした。ノーベル化学賞受賞のニュースを。

ブルース・メリフィールド教授の例は、アイデアを実現するための方法を教えてくれます。この本では詳細は述べませんでしたが、自動合成を達成するためには、さまざまな改良が必要でした。最初にこの方法を発表したときは効率が悪く、世の中を変える技術になると信じてもらえなかったと言います。

この方法を他の人たちにも使ってもらうためには多くの実証と改良が必要でした。アイデアを実現するために必要なのは、自分のアイデアを信じ、批判を克服するということです。アイデアを地道に改良し、多くの人たちの問題解決に利用できることを実証するということです。

自らの信じるアイデアをしぶとくやり抜く——子供のときに不景気の中でしぶとく生き

残った経験が、大きな影響を与えたと言われています。

どんなアイデアでも、斬新なアイデアはなかなか万人に受け入れてもらえません。それはなぜでしょうか？　新しいからです。万人は古い方法に慣れているからです。アイデアを改良し、批判に対処し、他の人が抱える問題を新しいアイデアで実際に克服して見せることで、他の人たちに受け入れられるものになるのです。

自分のアイデアで他人の問題を解決することを考えましょう。そして、批判してくる人を頭から批判してはいけません。彼らはアイデアが万人に受け入れられるためのヒントを出してくれているのです。

第5講はここまでです。それでは、宿題を出します。

「5講までの講義内容をもとにして研究のアイデアを練り、そのアイデアをイラストで表わしなさい」

Lecture

第6講

いろいろな物質を作るアイデア

自分を違う角度から見る

今回は受講生のみなさんだけに、こっそりと京都の名所を教えましょう。

幼いころ、静かな場所を怖く感じました。人がいない学校、昼間でも薄暗い寺や寂(さび)れた神社——。スウッと涼しい風が頬を撫(な)でて木の葉を揺らすと、暗闇から何かが出てくるような気がするのでした。

ところが高校生になると、そんな寂しい場所は、だんだん女の子と一緒に散歩する、もってこいの場所となっていきました。並んで歩けば、彼女の手の甲が自分の手の甲にときどき触れます。そんなことの方が気になるようになったのです。

さらに年を重ねると、寂しい静かな場所は別の意味を帯びてきました。京都大学からタクシーで15分ほど北に上がった比叡山(ひえいざん)の麓(ふもと)に、詩仙堂(しせんどう)という古刹(こさつ)があります。大坂夏の陣で活躍した石川丈山(いしかわじょうざん)という武士が隠居するために作った山荘です。詩仙堂は丈山が59歳のときに造営されています。丈山はどのような思いで、この山荘を作ったのでしょうか。

詩仙堂は、物事の相対性を感じ取れるように造られています。白い石庭は暗い座敷から見ればコントラストをなし、額に入った絵画のように鮮やかに映ります。ときどき吹く風が木の葉を揺らす音、間をあけて鳴る鹿おどしの竹の音、ところどころに流れる比叡山からのせせらぎの音。「鳥啼山更幽（鳥啼いて山さらに幽なり）」――これらの幽かな音によって、静寂さは逆に助長されるのです。ひんやりとした畳に手をつき、山の香りがする座敷であぐらをかいて、春はサツキ、秋は紅葉を石庭の向こうに見ながら、動から生まれる静を感じます。そうすると、自分の仕事を違った角度から考えてみたくなるのです。

詩仙堂に行かれたときは、さらに15分ほど細い田舎道を北に歩いて、曼殊院という名刹を訪ねてください。曼殊院でも素晴らしい庭園と書院を観ることができますが、そのときに受付に申し出て「菌塚」にもお参りください。人類の生存に貢献し犠牲となった無数億の菌の霊を供養するものです。菌塚という題字は、東京大学名誉教授坂口謹一郎先生の筆によります。優れた医薬品には、菌が作る天然物やそれらを出発点にしたものが多くあります。そのためでしょうか、この塚に深々と頭を垂れて手を合わせれば、有用な化合物が見つけられるという噂まで飛び出しました。

私たちの研究室で面白い化合物がいくつか見つかったのは、菌塚にお参りした後であったような気もします。天然物だけではなくて、化学合成した化合物にもご利益があるのかもしれません。そして、そのありがたいご利益は詩仙堂で静と動を感じたこととの相乗効果かもしれませんね。

みなさんも、自分のことを別の角度で見たいときには、入場料を払って実物を観てくださいね。手を振って帰りの下り坂を歩くときに、いいアイデアが湧いてくるかもしれません。

宿題講評4 Homework Review

物事を違う角度で見る

違う角度で物事を見る手っ取り早い方法があります。

それは「違う人になる」ということ。もしも、自分が女（男）だったら、もしも80歳ならば、もしも医者だったら、もしも料理人だったら、もしも携帯電話の販売員だったら――と考えてみます。いろいろな職業の人に化けてみましょう。それぞれの職業には、そ

A-Tペアを0、G-Cペアを1というように対応させてDNA情報を保存する媒体として利用できないだろうか。

1 0 1 0 0 1 1 1 0 0 1 0　このような数列を

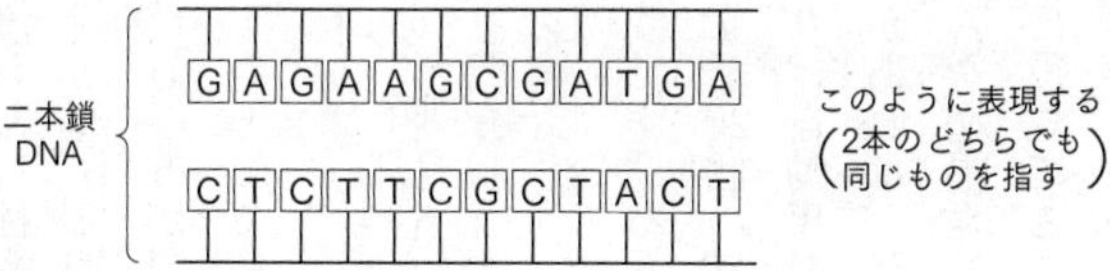

れぞれの道具や目的があります。その人たちの目で見てみると、同じものでも異なるものに見えてくるかもしれません。

さあ、それではみなさんの宿題を見てみましょう。別の角度で同じものを見てみたアイデアがあります。どんな職業の人になれば、アイデアが出てくるかな？これはコンピュータ技術者になれば思いつくかもしれません。

DNAは情報だと言いました。そう、アルファベットが並んだ暗号です。この宿題を書いた学生は、A－Tペアを0、G－Cペアを1として、二進法の暗号に書き換えています。これでコンピュータのデータとして使うということです。これも、SCAMPER法で言えば、**Put to other uses**「他に利用する」でしょう。Put to other usesの方法とは、題材とする物質や現象のもっとも優れた特性や性質を、他の目的に利用することです。

ＤＮＡの場合、二進法ではなくAを0、Tを1、Gを2、Cを3として、四進法としてもいいでしょう。その方が同じデータ量を短いＤＮＡで表わすことができます。実際、ＤＮＡをコンピュータとして使おうという試みがなされています。それを「ＤＮＡコンピューティング」と言います。

ここでは、その説明は省きます。その代わりに、名古屋市立大学の樋口恒彦教授が実際に行なった実験を紹介します。彼はＤＮＡが情報であるという性質に着目して、日産自動車と共同研究をしました。

アイデアはこうです。ある程度の長さのＤＮＡを化学合成して、そのごく少量を自動車の塗料に混ぜます。20個のパーツをつなげたＤＮＡを合成したとすると、その配列は６００億通り以上あり、自動車の1台1台に個別のＤＮＡ配列を割り当てることができます。万一、ひき逃げがあれば、事故現場に残された少量の塗料をＰＣＲすると、塗料に入っている個別のＤＮＡを増幅させることができます。それによって、ＤＮＡ配列を特定し、ひき逃げ犯の検挙に役立てることができます。

警察で鑑識をする人の立場になって考えれば、このアイデアを思いつきそうです。このアイデアを樋口教授から聞いたときは、素晴らしいアイデアだと思いました。しかし、実用化にいたっていません。問題は耐久性でした。車は夏には太陽光にさらされ、光や熱にさらされます。安定だと思われたDNAが、この目的には十分に安定ではありませんでした。DNAを塗料の中でうまく安定化させることができれば、実用化されるでしょう。

このアイデアはSCAMPER法で言えば、**Adapt**「適用する」でしょう。警察の鑑識では犯行現場の遺留品から殺人犯や暴行犯のDNAを取り出し、PCRで増幅し解析する方法がとられています。

犯人は人間なので、DNAを持っています。このDNAによって個人を特定することができます。いっぽう、車にはDNAはありません。DNAを車に塗り込んでしまえば、同じようなことが適用できます。人間の世界を車の世界に適用したのですね。このアイデアは、**Put to other uses**「他に利用する」でもあります。DNAは情報です。それを車の車台番号として利用しました。

みなさんからの宿題の中には、よく似たアイデアもありました。DNAを紙にしみ込ませて、暗号とします。そのDNAをPCRで増やして、配列を解読します。すると、ラブレターの内容がわかる！　といったアイデアもありました。ずいぶん手の込んだラブレターですね（笑）。

同じようなアイデアは、音楽の世界にも存在します。日本ではイタリア式の音名を使って、ドレミファソラシドです。ドイツ音名では、CDEFGAHです。このドイツ音名を使って、作曲家は曲の中に暗号を組み込んでいることがあります。たとえば、シューマン作曲のピアノ曲『謝肉祭』では、恋が実らなかった女性の出身地を織り込んでいます。その女性、エルネスティーネ・フォン・フリッケンの出身地「ASCH」をドイツ音名で記すと、As－C－HやA－Es－C－H、つまり「ラ♭－ド－シ」、「ラ－ミ♭－ド－シ」です。このASCHという音をメインメロディーとして繰り返せば、SCHAにも聞こえます。これはシューマン（Schumann）自身の名前にも重なる。シューマンは自分と愛する女性を重ね、この曲に暗号として託したのです。

他の有名な例は、『抒情組曲』でしょう。オーストリアの作曲家アルバン・ベルクは、秘密の恋人と自分のイニシャルを暗号として曲に組み入れています。その秘密の愛人の名前はハンナ・フックス＝ロベッティン。彼女への思いからこの12音技法の大曲は生み出されました。ハンナ・フックス（Hanna Fuchs）の頭文字の音HとF、アルバン・ベルク（Alban Berg）の頭文字の音AとBがからみ合うかのように曲の中に組み込まれています。

京都鞍馬(きょうとくらま)の貴船(きふね)神社には、水に浮かべると文字が浮き出るおみくじがあります。どんな時代でも、いかなる分野でも、暗号というアイデアは人の心をくすぐるのですね。

自分のアイデアが正しいことを証明する

さあ、今日の本題に入りましょう。

みなさんは、商売と基礎研究はまったく異なるものだと思っていませんか。実は、商売と基礎研究は、ある意味で似たところがあります。

商売の始まりはアイデアです。この場所にこんな店を作れば、これだけの数のお客さんの役に立って、これだけの収益が見込めるのではないか——そんなアイデアを実際に実行するのが商売。

基礎研究の始まりもアイデアです。この物質をこう使って、このようにすれば、こんな結果になって、こんなことがわかり、夢のような技術が生まれるのではないか——それを実行するのが研究です。

いずれもアイデアを実行するのです。実行の原動力は何でしょう。商売人の中には、儲けることを第一目的にする人もいます。しかし、真に商売で成功する人は、「自分のアイデアが正しいことを証明するため」に実行すると言います。基礎研究でも同じ。私たちは自分のアイデアが正しいことを証明するために研究を実行しています。

その顕著な例をひとつ紹介しましょう。香港に生まれ、アメリカで苦学し、研究を続けてきたひとりの研究者の話です。この研究者は、ふとひとつのアイデアを思いつきます。このアイデアが、世の中の研究の仕方を変えるきっかけとなるのです。

ワン・ビーズ・ワン・コンパウンド法

彼に最初に会った日のことを昨日のように覚えています。

1997年、テキサス州ヒューストン市——当時、私はハーバード大学化学部の研究員でした。アメリカ白血病財団から研究奨学金を得て、遺伝子の転写制御に関する化学的研究を行なっていました。その財団の研究報告会に参加するため、ボストンからコンチネンタル航空に乗り、ヒューストンに滞在していました。

財団の昼食会で、私の隣に座った中国系研究者がいました。白血病財団という性質上、生物学・医学の研究者が多い中で、偶然にも彼と私は化学を利用した生物・医学研究を行なっていました。

何度か席が隣になれば、研究の話だけでなく身の上話もします。彼は、香港から移住し、テキサス大学オースチン校を卒業後、博士号と医師免許を取得し、アリゾナ大学で患者さんを診ながら研究を行なっていると言います。

「患者を診ながら研究するのは辛い」

彼は弱音を吐きました。後にカリフォルニア大学デービス校教授となるその人がキット・ラム博士。1991年に画期的なアイデアを思いつき、そのアイデアが正しいことを示してネイチャー誌に発表したものの、1997年当時、まだ彼は不遇な立場にいました。

1991年、彼はシドニー・サルモン教授のもとで働いていました。ラム博士が思いついたアイデアはこうです。後に**ワン・ビーズ・ワン・コンパウンド法**と呼ばれる方法です。

前回の講義でペプチドの化学合成を習いました。大きなビーズの上にペプチドをつなげていく固相合成です。この方法をうまく使ったのがワン・ビーズ・ワン・コンパウンド法です。まず、3つの容器に均等にペプチド合成用のビーズを入れておきます。ここにA_1、A_2、A_3というアミノ酸をそれぞれ反応させます。

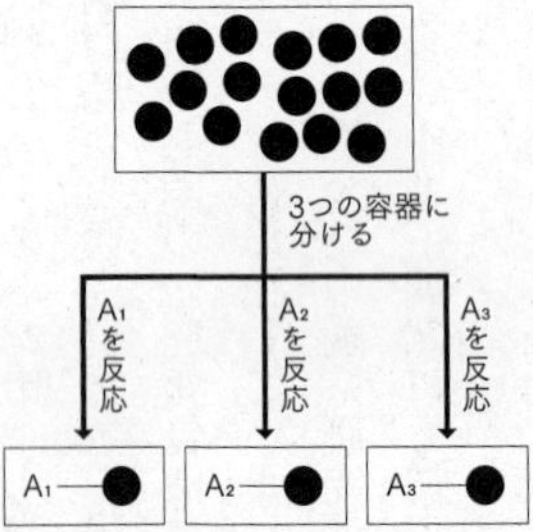

3つの容器にビーズを入れる

反応が終わったら、この3つをひとつの容器に入れて、よくかき混ぜます。一旦、混ぜてしまうのです。

そして、再び3つの容器に分けます。よく混ぜておいたので、これらの3つの容器には同じビーズが入っています。ここに、B_1、B_2、B_3というアミノ酸をそれぞれ反応させます。

反応が終わったら、この3つをひとつの容器に入れて、よくかき混ぜます。そして、再

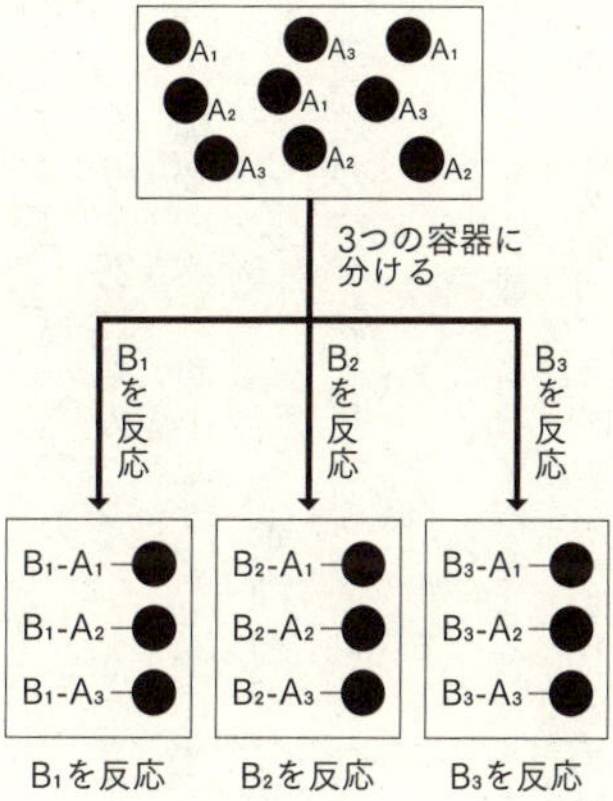

B_1、B_2、B_3を反応させる

び3つの容器に分けます。ここにC_1、C_2、C_3を反応させます。

この時点で、3の3乗、つまり、27種類のペプチドができあがります。このとき大切なのは、ひとつのビーズには1種類のペプチドしかくっついてないことです。アミノ酸20種類について、この作業を6回行なえば、20の6乗種類のペプチドが一気にできあがります。ひとつのビーズには1種類のペプチドしかないので、ワン・ビーズ・ワン・コンパウンド法と呼ばれています。

ときには、スプリット・プール合成（分けて混ぜる合成）と呼ぶ研究者もいます。ペプチドのライブラリー（たくさん集めたコレクション）を作る方法です。

この方法を使えば、たとえばこんな実験ができます。

ハーバード大学のスチュアート・シュライバー教授の研究室で大学院生だったジェームス・チェンは、SH3と呼ばれる癌に関係するタンパク質がどのようなペプチドに結合するかを調べていました。

キット・ラム博士の方法でペプチドのライブラリーを合成します。先に言ったように、ひとつのビーズには1種類のペプチドしか結合していません。ここに、光るように工夫したSH3タンパク質を加えます。

もし、ビーズの上にSH3タンパク質に結合するペプチドがあれば、ビーズが光ります。光ったビーズを顕微鏡下でピンセットを使って拾い上げ、どんなペプチドがそのビーズに結合しているのかを調べます。この方法で、SH3タンパク質に結合するペプチドが解明されました。

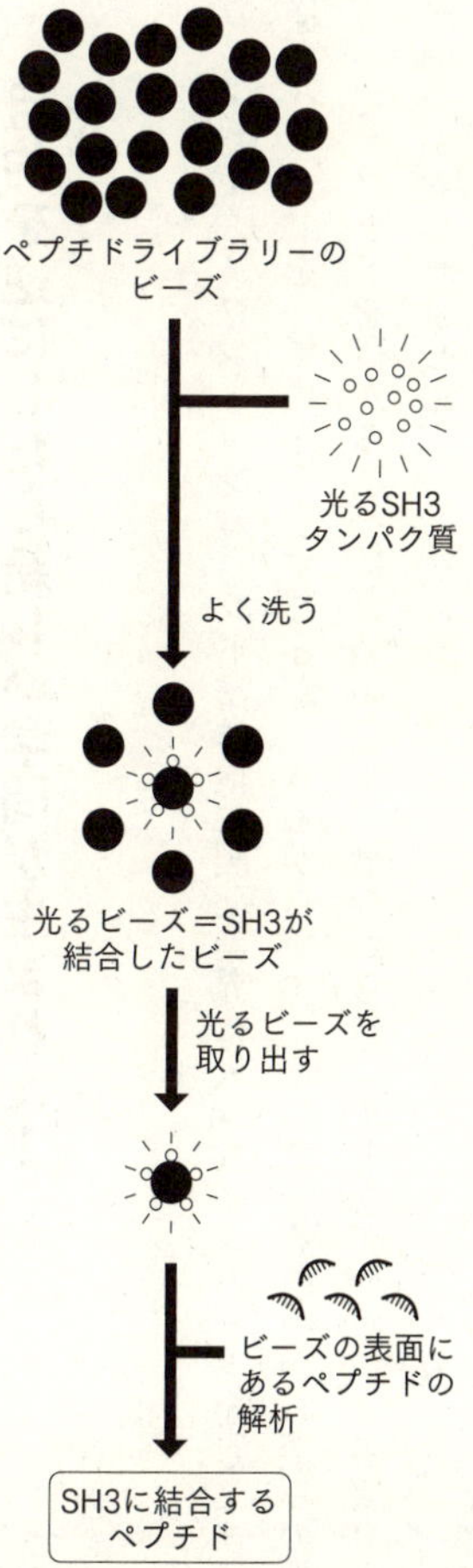

目的を逆にしたら新しい学問が生まれた！

ワン・ビーズ・ワン・コンパウンド法は後に製薬業界に大きなインパクトを与えます。多様なペプチドを一気に作り出すことができるからです。そして、その中から望みの性質を持ったペプチドを後から選べばいいのです。最初からペプチドをデザインするよりも効率がいいかもしれません。

ビーズの上で作る化合物がペプチドではなく、薬物のような物質であればどうでしょう。何百万という薬物候補を一気に合成することができます。このような多岐多様な化合物は、製薬会社が必要とするものでした。

何百万という薬物のような形をした化合物が手に入れば、その中から医薬品の種を見つけることができます。何百万という化合物を病気の細胞にかけてみたり、病気に関係する酵素と混ぜ合わせたりすれば、その病気を治癒(ちゆ)する薬物候補が見つかるはずです。

このように、多様な化合物を合成する学問を、**組み合わせ化学**（コンビナトリアル化学）

と言います。製薬への応用が明らかであったため、1990年代中ごろから活発な学問になりました。組み合わせ化学を専門とする学術誌も創刊されたほどです。

多岐多様な化合物を合成する――これは発想の転換でした。かつての合成化学では、望みの物質をきれいに作ることが目的でした。ペプチドの固相合成は、ひとつのペプチドをきれいに純度よく合成することが目的でした。他のものができないように工夫してきました。

ところが、組み合わせ化学では、さまざまな物質を作ることを目的としています。SCAMPER法で言えば、R＝Reverse, Rearrange「逆にする、順番を変える」でしょう。ここでは目的を逆にしています。今では、複雑で、まったく異なる化合物を数多く、一気に作る合成法がさかんに研究されています。古典的な合成化学では考えられなかったことです。

目的を逆にすることで、新しい学問が生まれたのです。みなさんも、目的を逆にしてみたらどうでしょうか。そうすることで、新しい世界が見えてくるかもしれません。

もうひとつの方法、ファージディスプレー法

多様なペプチドを作る別の方法を紹介しましょう。多様なペプチドを準備し、その中から望みのペプチドを見つけるという目的は同じですが、技術が異なります。**ファージディスプレー法**と呼ばれる方法です。

ワン・ビーズ・ワン・コンパウンド法は化学合成の方法です。ペプチドのライブラリーを化学合成で準備します。同じようなことを生き物を利用してすることができます。

その方法では「ファージ」を使います。ファージとは細菌に感染するウイルスのようなものです。細菌に感染することを利用して自分のタンパク質を作り、増殖して細菌から出ていきます。そのファージのひとつの構造を見てください。

ファージの表面に露出しているタンパク質があります。そして、ファージの内部に、この表面タンパク質を特定するDNAが入っています。このDNAに別のタンパク質を特定するDNAを挿入すれば、このタンパク質をファージの上に提示することができます。

挿入する遺伝子の配列をランダムにしておけば、ペプチドのライブラリーが提示されたファージができあがります。ひとつのファージにはランダム配列のうちのひとつの配列しか入っていないので、ひとつのファージ表面には1種類のペプチドが提示されます。ワン・ビーズ・ワン・コンパウンド法と同じです。ひとつのビーズにはひとつのペプチドしかくっついていなかったのと同じです。

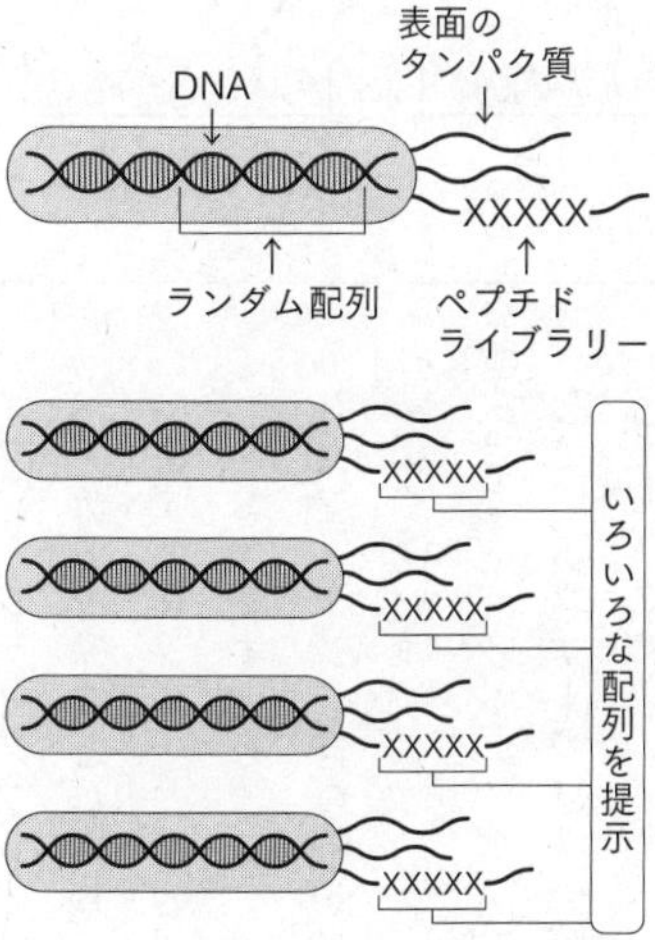

ひとつのファージの表面には
1種類のペプチドが提示される

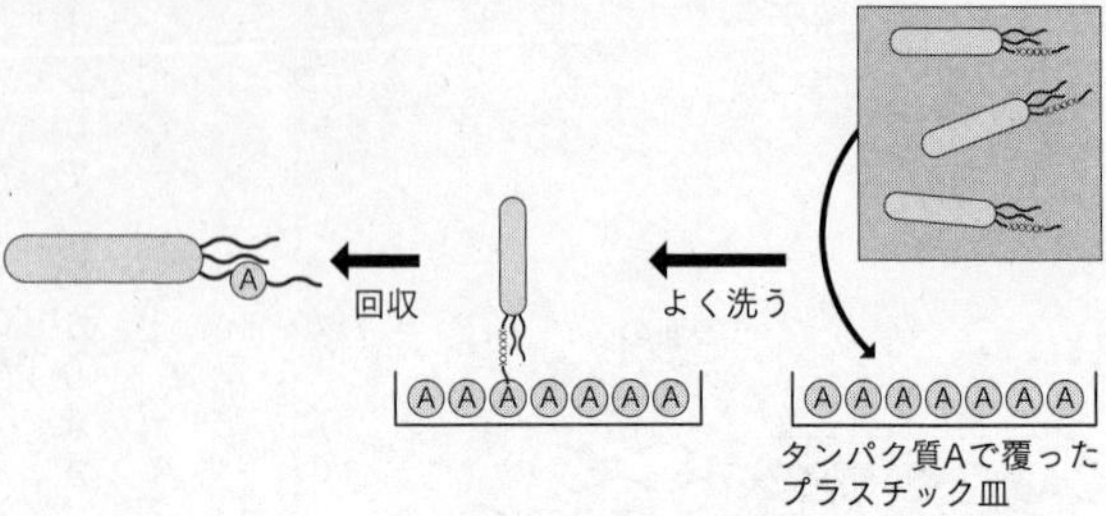

ファージディスプレー法でタンパク質Aに結合するペプチドを探すとしましょう。

まず、プラスチックの皿の表面をタンパク質Aで覆っておきます。そこに、ペプチドライブラリーを提示したファージを含む液を加えます。

よく洗います。

すると、タンパク質Aに結合しないペプチドを提示しているファージは洗い流されます。

結合したファージを回収します。

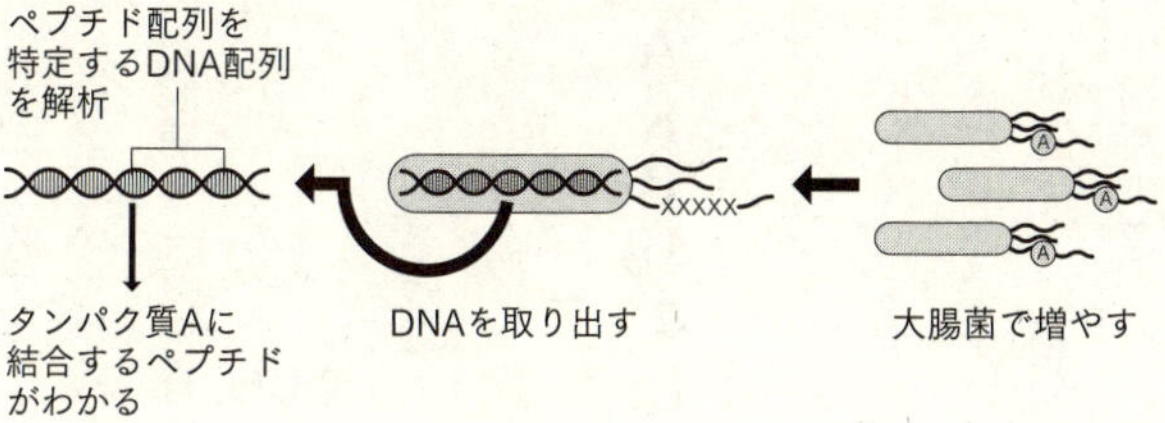

これを大腸菌に感染させて増やします。

この操作を繰り返すと、タンパク質Aに強く結合するファージが濃縮されます。濃縮されたファージからDNAを取り出し、解析します。

そのファージのDNA配列から、提示されているペプチドの配列を割り出します。

この方法は、前に話した試験管内進化法（P148）のペプチド版です。ワン・ビーズ・ワン・コンパウンド法と並んで、ペプチドのライブラリーを得る優れた方法です。

ファージディスプレー法の弱点は、天然のペプチドしかできないことです。ワン・ビーズ・ワン・コンパウンド法は化学合成ですから、その方法は一般的な化合物にも応用ができ、薬物候補を一気に合成する技術に発展しました。ファージディスプレー法では生き物を利用しているので、天然のペプチドのライブラリーしか作成できません。

いっぽう、ファージディスプレー法の強みは、増やすことができることです。選ばれたものが増えて生き残る――生物の進化を模倣(もほう)した優れた方法です。

ＡＫＢ48の仕組みと同じアイデア

ワン・ビーズ・ワン・コンパウンド法、組み合わせ化学(コンビナトリアル化学)、ファージディスプレー法――いずれも、多様なペプチドや化合物を作り出して、後から望みのペプチドや化合物を選んでくる方法です。

都心の横断歩道を渡りながら考えました。これらの方法はＡＫＢ48と似ているのではないか——。昔の女性アイドルと言えば、山口百恵や松田聖子といった単独の歌手でした。しかし最近では、モーニング娘。やAKB48のような女性グループが人気を博すようになっています。特にAKB48は、人数が多く、性格や容姿に多様性が見られます。

AKB48は、メインのメンバーが16人や24人であったりしながら、研究生も含めて100人程度のグループです。さらには、地方にも姉妹ユニットが存在します。名古屋市・栄を拠点とする「SKE48」、大阪市・なんばを拠点とする「NMB48」が、福岡市を拠点とする「HKT48」などがあります。日本国外にもインドネシア・ジャカルタの「JKT48」ができているそうです。裾野が極めて広い。

ここで大切なのは、AKB48は「クラスで1番かわいい女の子を集めた集団ではない」ということです。だからと言って、不細工な女の子を集めたわけでもありません。AKB48をプロデュースした秋元康氏はネット記事の対談で次のように述べています。

「人（キャラクター）が魅力なんです。もちろん歌がうまいとか、ダンスがうまいとか、演技がうまいとか、美人とかそれも1つの個性であり、魅力です。しかし、キャラクターとか、『AKB48に存在することによってあなたは何を見せたいんですか』ということが大切です。だから、ある子はブログがすごく面白かったり、ある子はすごくコントの間が良かったり、ある子はマンガがうまかったり……（中略）……1番目にかわいい子という言い方があるとしたら、1番目に足が速い子でもいいんです。何か1番を持っているかということ、その1番を集めたいということなんです。」（堀内彰宏（ほりうちあきひろ）「Business Media 誠」2011年10月28日付）

この方針によって、AKB48は多数なだけでなく多様な集団になっています。多様なキャラクター、多様な地域性、さらには多様な国籍――ひとりのアイドルを創り上げて売り出していた昔の手法とは明らかに異なるのです。この多数・多様な集団から、ファンは自分が好きな女の子、すなわち「オシメン」を選びます。オシメンとは「イチ推（お）しメンバー」のことだそうです。

多数・多様なメンバーを揃（そろ）えて、その中からさまざまなファンが自分の好きなメンバーを選び出す――ワン・ビーズ・ワン・コンパウンド法、組み合わせ化学（コンビナトリアル化学）、ファージディスプレー法と同じ考え方です。

ひとつのことにこだわりそうになったときに、あえて多数・多様ということに注意を向けてみたらどうでしょう。ひとつの特定の目的を達成する場合、特定の方向だけを考えるのではなく、一旦多数・多様な選択肢を頭に描く努力や工夫をしてみるのです。その中からベストなアイデアを後から選択してみたらどうでしょう。

多数かつ多様な選択肢を生み出す仕組みは、組み合わせ化学やAKB48のように有用な手法になる可能性があるのです。

今回の宿題はやりやすいですね。ワン・ビーズ・ワン・コンパウンド法や試験管内進化法を使えば、ペプチドやRNAのライブラリーができます。その中からどんなペプチドやRNAを選びたいですか？　どのようにして選びましょうか？

第6講はここまでです。みなさんのアイデアをイラストで表わしてください。どんなアイデアか楽しみにしています。

Lecture

第7講

甘いものと脂肪とアイデア

なぜ関西には面白い名前のレストランが多いのか

第7講にもなると、みなさん毎回アイデアを出すのに苦しんでいますね。なかなかアイデアというものは出てきません。苦しいです。そこで、今回はこんな話をしてみましょう。

アイデアを出すには、何でもなさそうなことを面白いと思う感性が必要です。第1講でも触れましたが、この講義ではその感性を養うために、「この1週間で気がついた面白いこと、驚いたこと」を宿題のおまけとして書いてもらっています。面白い洞察がたくさんあります。そのひとつに、こんなことを書いてきた人がいます。

「京都にきて、関西には面白い名前のレストランがあることに気づきました。通学路の丸太町通りには『情熱ホルモン』『チャーミングチャーハン』『宮本むなし』があります」

おしい！　あと一息です。どうして面白いのかをもう少し解析すれば、もっと面白くなります。たとえば、チャーミングチャーハンです。

韻を踏んだ店名が特徴的な中華料理店

まず、名前自体にアイデアが入っています。これはディズニーがとった方法。ミッキー・マウス（Mickey Mouse）、ドナルド・ダック（Donald Duck）などです。ディズニー以外でも、ユニバーサルのウッディ・ウッドペッカー、日本ではファイナルファンタジーなどもそうですね。

京都にはたくさんの中華料理屋があります。ラーメンでは「天下一品」、餃子では「餃子の王将」があり、切磋琢磨しています。その中で新しいアイデアを生むのは困難だと思われがちです。ラーメンと餃子を除いて残された代表的中華料理のひとつはチャーハン。そのチャーハンを使って韻を踏んだ結果、チャーミングチャーハンになったのではないでしょうか。

何がチャーミングなのでしょうか。実際に店に入ってメニューを見たときにわかりました。なるほど、ラーメン、焼きそばなど、すべてのメニューにチャーハンつきがあります。ここで注目すべきは、「チャーハンつき焼飯（やきめし）」です。チャーハンつき焼飯とはどのようなものなのでしょう。これです。

なんとチャーハン（左）をおかずに
焼飯（右）を食べる！

なんと、チャーハンをおかずに焼飯を食べさせるというメニューでした。京都は中華料理激戦区であり、新しいアイデアを出すのは不可能のように思えます。しかし、それでもまだアイデアを出すことができます。音楽でも、多くの作曲家がソナタ形式の曲を書き、ベートーベンがソナタ形式をこれでもかというほどやりつくしました。その後でも、シューマンは後世に残るソナタを残しました。やりつくされたのではないかと思える分野でも、まだまだアイデアは出るのです。

みなさんもチャーミングチャーハンの精神で、アイデアを作ってみてくださいね。

宿題講評5
Homework Review

裏の裏を考える

第7講になってくると、アイデアを出しつくした、困った、と思えてくるでしょう？

それがチャンスなのです。

すぐに出てくるアイデアというのは、大体が誰でも思いつくようなアイデアです。アイデアを出しつくすと、無理やりにでもアイデアを捻（ひね）り出そうとします。馬鹿らしいアイデア、まったく違う方向からのアイデア、まったく役に立たなさそうなアイデアなどが出てきます。それを出発点とすれば、他の人が思いつかない新しいアイデアになるかもしれません。

SCAMPER法を生み出したアレックス・オズボーンが考案した「ブレーンストーミング」というアイデアを出す方法があります。この方法などまさにそうです。

とにかく数多くアイデアを出します。最初はアイデアがたくさん出ますが、いずれも誰もが思いつきそうなものです。

アイデアが出つくしてから出てくる新しいアイデア、これを引き出すのがブレーンストーミングです。

毎年、優秀な学生は、講義の後半になって良いアイデアを出してきます。アイデアが出なくなってからが本当の勝負なのです。

こんなアイデア（左図）を出した学生がいます。

これはよく考えましたね。化合物には立体異性体（構造式は同じだが、原子の立体配置が互いに違う化合物）というものがあります。炭素（C）には4つの手があります。その手に異なるものがくっついていると、立体異性体が存在するのです。これはちょうど右手と左手の関係にある化合物です。アミノ酸にも立体異性体があります。たとえば、ここでは

立体異性体を持つ、ある化合物（例・アラニン）のL体（D体）だけに結合するRNAを探す。

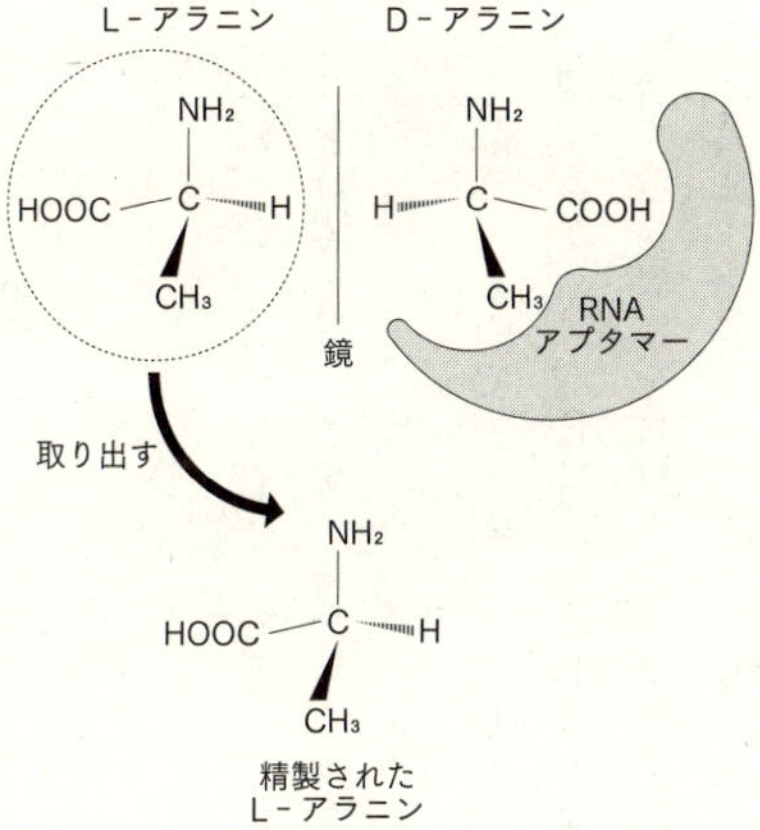

アラニン（右図）を書いています。

ちょうど鏡に映ったもののように、この2つは右手と左手の関係のよう。アミノ酸の場合にはひとつをL体、もうひとつをD体と言います。私たちの体を作っているのはL体のアミノ酸です。

この立体異性体は、性質がよく似ているので、L体だけ必要な場合に簡単に分離することができません。この問題を解決するために、RNAを使おうとするのが、このアイデアです。まず、その片方だけに結合するRNAをRNAライブラリーから試験管内進化法で選んできます。そのRNAを立体異性体が混ざった液体に混ぜます。結合による性質の変

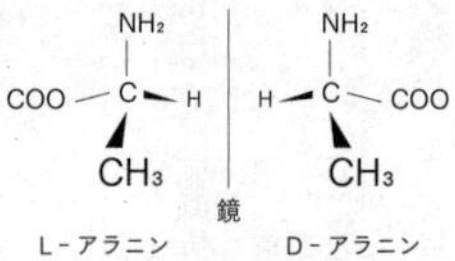

左右対称なアラニン

化によって、簡単に分けることができるかもしれません。

これによく似た実際のアイデアは、酵素を使った分離です。

酵素の中には立体異性体を見分けて反応するものがあります。たとえば、リパーゼです（左図）。

リパーゼはアシル基（－CO－CH_3）を水酸基（－OH）に転移する酵素。立体異性体が混ざったものに反応させると、片方の立体異性体だけが反応します。これで、立体異性体はまったく別の物質になるので、容易に分離できます。

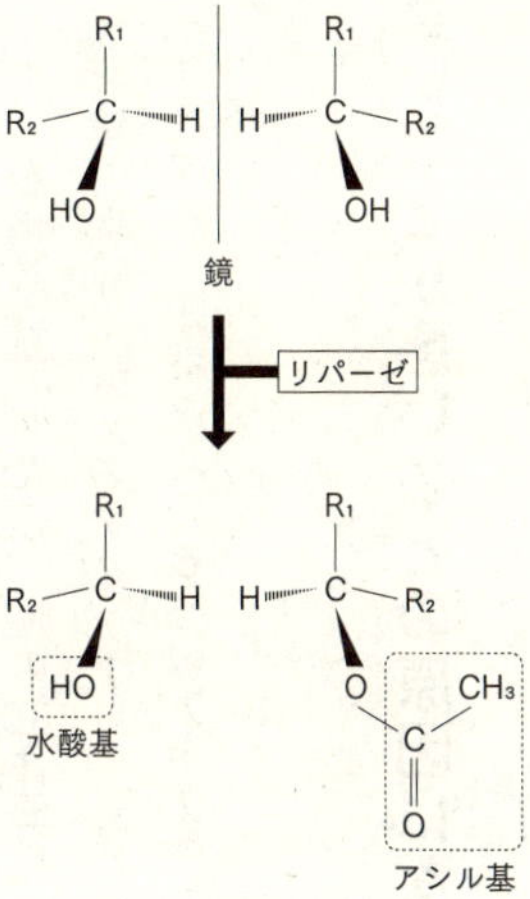

リパーゼを使った分離

もしも、D体のリパーゼを化学合成したら、逆の立体異性体が反応するでしょう。ちょうど鏡の中の世界です。鏡の世界を考えるアイデアは、SCAMPER法で言えば、**R＝Reverse, Rearrange**「逆にする、順番を変える」のアイデアです。

もともと良いことが悪いことの原因になる

今回の本題に入る前にひとつお話をしましょう。小学校低学年のときに、「運を使い果たしてしまったのではないか」と思えるような幸運にめぐりあったことがあります。

夏休みに私鉄で2駅離れた市民プールに兄と出かけました。午前中から泳ぎ始め、昼ごはんの時間も忘れ、市民プールの建物を出たのが午後2時ごろでした。塩素臭い水着が入ったビニールバッグを持ち、だるい身体を引きずりながら、アスファルトから陽炎の立つ道を駅まで無言で歩き始めました。

道沿いには冷えた炭酸飲料を売る店が並んでいます。当時、ペプシコーラは1瓶50円でした。残る所持金は兄と2人で100円。帰りの電車賃は子供ひとり40円。ここでペプシコーラを飲めば、強い陽射しの中を2駅歩いて帰らなければなりません。

私たちは直射日光の暑さと喉の渇きに耐え切れず、結露した陳列棚のガラス扉を開けてペプシコーラを1瓶取り出しました。50円を払い、王冠を開け、ランニングシャツ1枚の兄は、こめかみに汗を流しながら、ラッパを咥えるように飲み始めます。

私は兄の喉の動きを食い入るように見つめました。半分よりもちょっと少なくなったところで自分の番となり、冷たさに頭を痛めながら急いで飲み干すのでした。冷えた爽やかな炭酸と糖分が、疲労し火照った身体に滲み込みます。

残る所持金は50円。線路沿いに歩いて帰らねばなりません。足元には開けたときの王冠が落ちています。当時の王冠には当たりくじがついていました。わずかな期待を持って王冠の裏をめくると、「50円」とあります。私たちの所持金は100円に戻りました。

このときは強運に助けられました。幸運とともに、糖分と水分の魔力にも気づいたのでした。

一般に砂糖と言われている物質の化学名は「スクロース（ショ糖）」です。グルコース（ブドウ糖）とフルクトース（果糖）という2つの糖分子が結合した構造になっています。

グルコースの甘さは少し弱く、スクロースの0・6倍くらいですが、フルクトースはスクロースの2倍の甘さです。蜂蜜が砂糖より甘く感じるのは、大部分のスクロースが分解してグルコースとフルクトースになっているからです。

疲れた身体、弱った身体に糖分は特効薬です。私たちの身体は、糖分を燃やしてエネルギーにしていて、身体や頭脳を働かせるために糖分を要求します。しかし、人間は疲れていないときでも、糖分がほしくなります。しかも、満腹でも甘いものは食べることができたりします。ついつい、エネルギーを摂り過ぎてしまいます。なぜでしょうか。

これまでの人類の歴史の中で、これほど食べ物が豊かな時代はありませんでした。人類は食べ物を探し続け、飢えに耐えてきたのでした。長い飢饉を生き延びることができた人たちが、私たちの祖先です。食べ物がなかったころの経験がDNAに刻み込まれていて、もっと食べておいて、糖分を脂肪として蓄積する行動に出てしまいます。

この蓄積する能力のために、私たちの祖先は生き延びることができました。しかし、現代の先進国では、この能力が仇となって、メタボリックシンドローム（代謝疾患）になってしまいます。

ほとんどの人間の病気は、もともと良いことをしていた人間の能力が、悪いことをし始めることが原因となっているのです。

もともと良いことが悪いことの原因になる――これは生き物がかかわる限り、常に言えることなのかもしれません。人間自身の身体の仕組み、人間が作った制度やシステムは、良いと思っていたことが悪の根源になることがあります。

勉強にしても、最初は役に立った知識が、新しいことを考えるときの妨げになることがあります。昔の経験に固執してしまうあまり、時代遅れになってしまうこともあります。会社の組織も、かつてはその売り上げが会社を支えていた商品が、新しい時代の中で会社の足を引っ張ることがあります。

人間や会社を取り巻く環境は常に変化しています。これは昔から同じです。禅に「行雲流水」という言葉があります。雲が大空を流れて、水は刻々と留まることなく流れる――物事は常に変化します。

人間の本能はすぐには物事の変化に適応できません。しかし、執着を捨てれば、私たちの行動や考えは変化に対応できます。

適応できる人間や組織が生き延びることができるのでしょう。

あんドーナツが美味しいわけ

糖分をたくさん摂れば、脂肪として蓄えられます。脂肪をたくさん摂ると、もちろん脂肪として蓄えられます。脂肪を摂っても糖分を摂らなければ、脂肪が燃えて糖分のような役割をします。

それでは、糖分と脂肪を一緒にたくさん摂ると、どうなるでしょう。糖分が十分にあれば、脂肪はたまるしかありません。

現代では、脂肪が身体にたまるのは良くないことです。しかし、長い飢饉を生き延びなければいけなかった時代は、脂肪がつくことは良いことでした。食べるものが十分ある時代になったのは、日本ではこの50年くらいです。人間の歴史からすれば、極めて最近のこと。私たちのDNAは昔から変わっておらず、まだ飢饉に備えるDNAです。脂肪がたまるような脂肪と糖分の入った食べ物を好んでしまいます。

アイスクリーム、ショートケーキ、あんドーナツ——脂肪と糖分の絶妙な組み合わせ。

私たちの本能は、こういったものを要求し、美味しいと感じてしまうのです。特に女性は、出産して授乳し、遺伝子を伝えるということの主役を古代から担ってきたからでしょうか、脂肪と糖分の絶妙な組み合わせを好む人が多いようです。遺伝子を伝えるために、エネルギーを蓄えておこうとする本能かもしれません。

多くの女性は太ることを敬遠し、この本能を抑えつけて暮らしています。ケーキではなく、パンなら罪悪感が減るのでしょうか、ベーカリーのレジに女性が列を作っているのを見かけます。焼きたてのフランスパンにちょっとバターを塗って食べると美味しいですね。ところが、これは炭水化物と脂肪の組み合わせです。炭水化物は消化されると糖分になりますから、結局のところ糖分と脂肪なのです。

アメリカで行なわれた実験で面白い結果があります。コーラとピーナッツを女性と一緒に食べながら口説くと、成功率が高かったそうです。糖分と脂肪分を摂ると、満足して幸せな気分になります。幸せな気分で話をすると、話がうまくいき、親密感が高まるのかもしれません。糖分と脂肪分の威力、恐るべしです。

今度デートするときは、コーラとピーナッツでなくても、糖分と脂肪を意識してくださいね（笑）。ただし、この手をあまり使うと、太るから注意が必要です（笑）。

「肥満を抑える化合物」が見つかるまで

次の記事は、２００９年９月12日付朝日新聞朝刊の「天声人語（てんせいじんご）」です。読んでみてください。

一線記者の頃、その日の仕事が終わると打ち合わせと称して繰り出した。飲むうちに日付が変わり、帰ればいいのにラーメンで締めるという日課である。その前にギョーザとビールがついた▼いま健診で怒られるたび、あれで10年は命が縮んだと悔やむが、ほろ酔いラーメンは体を張るに値する味だった。スープの背脂がぎっとり絡んだ太麺が、仕事漬けの身に一時の安息をくれた。目方と一緒に▼米ノースウエスタン大のチームが、夜食べると太ることをマウスの実験で確かめたそうだ。明るい時だけ食べられるグループと、暗い時だけのグループに分け、高脂肪の餌をやり続けた。６週間後の体重増加は「昼食組」の平均20%に対し、「夜食組」は48%に達した▼実験中の摂取カロリーと運動量に差はなく、寝るべき時間帯に食べたのがより肥えた理由とみられる。深夜には食べるなというメタボ予防の戒め通り、生活リズムを無視した暴食は体内時計が許さないらしい▼捨てる神あれば拾う神あり。京都大の上杉志成(もとなり)教授らのチームが、細胞内で脂肪ができるのを抑える化合物を見つけた。過食するマウスに4週間与えたところ、与えなかった一群に比べ体重は12%、血糖値は70%低くなった。脂肪肝も防げたという▼研究を重ねれば、いくら食べても太らない薬ができるかもしれない。朝から焼き肉、深夜にカツ丼。ついでに、飲むほどに肝臓が元気になるお酒が発明されたら人生は楽しかろう。ただし、使っても減らない財布があったらの話。見果てぬ夢のあれこれである。

化学の強みは「問題を自分で作ることができる」ということです。物理学や生物学は自然に存在する問題を解明しようとする学問。化学でも自然現象の問題を解くことがありますが、いっぽうで化学は天然に存在しない物質を創り出すこともできます。自分で不思議な物質を合成して、その物質を理解するという方法が可能です。

私はこの方法を「内田康夫氏の方法」と呼んでいます。本屋さんに行けば、推理作家の内田氏の推理小説がズラリと並んでいます。「浅見光彦シリーズ」はテレビでも有名ですね。あの数はなかなか書けるものではないと感心します。どうしてあれだけの数の推理小説を次々と執筆できるのでしょうか。実は内田氏の推理小説の書き方には特徴があります。

推理小説を書く場合は、普通、プロットを決めます。つまり、ストーリーの設計図です。先にこんなヒントを出しておいて、あとでどんでん返しを——というようなカラクリを決めます。内田氏はプロットを使わないと言います。とりあえず奇怪な殺人事件を起こし、「誰が犯人なんだろう」と作者自身が推理しながら書いていきます。

化学でも同じようなことができます。

私たちの研究室の冷凍庫には約7万個の化合物が保存されています。そのうちかなりの数の化合物が前回話した「組み合わせ化学」によって合成されたもの——天然には存在しない化合物です。それらの化合物をひとつひとつヒトの細胞にかけて、ヒトの細胞に独特な影響を及ぼす化合物を選び出してきました。

ヒトの細胞に影響する化合物を選び出せたとしても、それらの化合物がどのようにして細胞に効果を示すのかはわかりません。天然には存在しない化合物を使って、自然には存在しない問題を作り出したのです。しかし、その問題を解けば、生命現象を理解するきっかけになります。

天声人語に出てきた化合物は、そんな化合物のひとつです。これは体内での脂質の生産をストップさせます。**「ファトスタチン」**と名づけました。

研究をしていると、釣り針に魚がかかったときのような手ごたえを感じることがあります。この化合物の研究がまさにそうでした。

ファトスタチンが見つかったとき、この化合物が細胞の中で何をしているのかまったくわかりませんでした。

ファトスタチンは、癌細胞の増殖を抑える化合物として、すでに2003年に私たちが見つけていました。しかし、細胞の中で何をしているのかわからず、しばらく放っておかれました。その単純な化学構造から想像して、ファトスタチンは細胞の中でいろいろなタンパク質に結合して複雑なことをしているのではないかと、大学院生たちは恐れました。もしもそうだったら、その化合物を研究すると泥沼にはまってしまい、研究を完結できないでしょう。
そんな膠着した状況に、勇敢な韓国人と中国人の2人の女性博士研究員が現われ、研究を引き継いだのです。彼女らは遺伝子発現解析を行ないました。化合物を細胞にかけて、その後に人間の遺伝子3万種類のどの遺伝子が活性化されたり不活性化されるのかを網羅的に調べたのです。

ファトスタチンは、極めて簡単なパターンを示しました。体内で糖質から脂質を合成するための酵素群の遺伝子が、のきなみ不活性化していたのです。糖質から脂質を合成するためにはたくさんの酵素が必要ですが、それらの酵素の遺伝子の多くがファトスタチンによって不活性化されていたのです。それらの遺伝子の多くは**SREBP** (sterol regulatory element-binding protein) というタンパク質によって調節されている遺伝子でした。

SREBPは、言わば体内で糖質から脂肪を作る司令塔です（左図）。①SREBPは通常は細胞の中の小胞体と呼ばれる部分にあります。②体内の脂肪が少なくなってくると、小胞体からゴルジ体と呼ばれる部分に移動します。③ゴルジ体でSREBPは酵素によって切断されます。④切られて短くなったSREBPはゴルジ体から解き放たれて、遺伝子が入っている核の中に侵入します。SREBPはDNAに結合する能力を持ってい

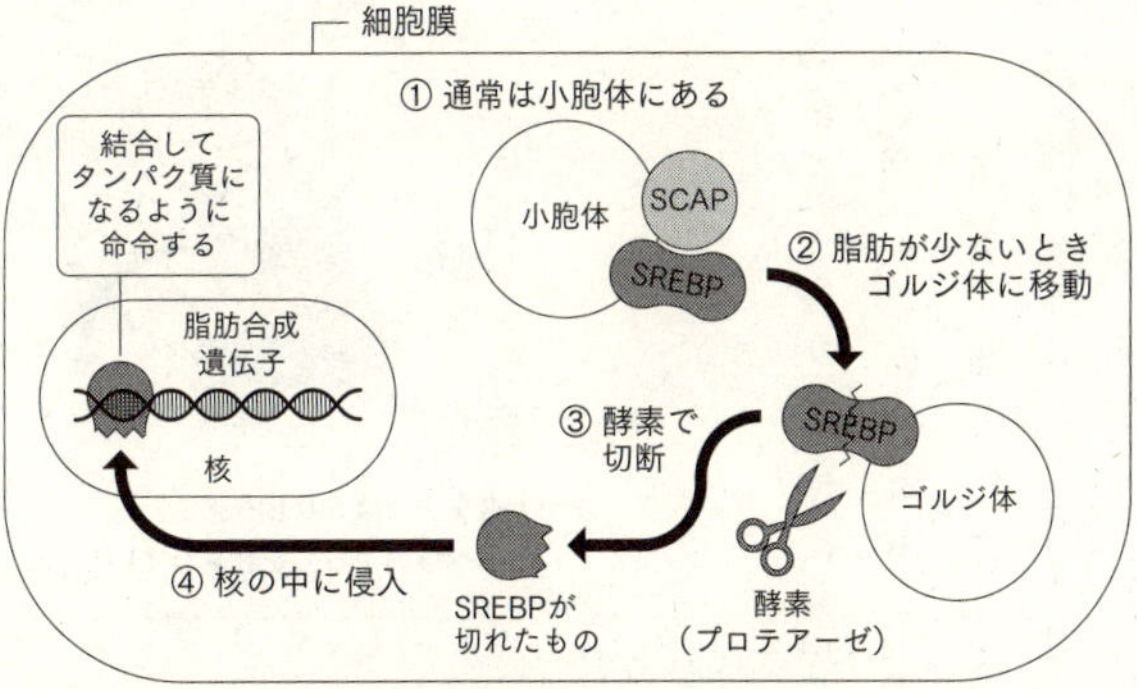

SREBP は細胞の中で何をしているのか

て、TCACNCCAC（ただしNはATGCのいずれでもOK）というDNAの配列に結合し、結合した遺伝子にタンパク質になるように命令します。このTCACNCCACという配列は脂肪を合成するための酵素の遺伝子にあるので、脂肪を合成する酵素がたくさん細胞の中に蓄積し、糖質から脂質が合成されるのです。

このSREBPの仕掛けは、テキサス大学のゴールドスタイン教授らが解明しました。脂質に関する一連の研究で、ゴールドスタイン教授らは1985年にノーベル生理学・医学賞を受賞しています。私たちの身体の中にはこんな仕掛けがあって、脂質が少なくなれば、脂質を自らの身体の中で生産しているの

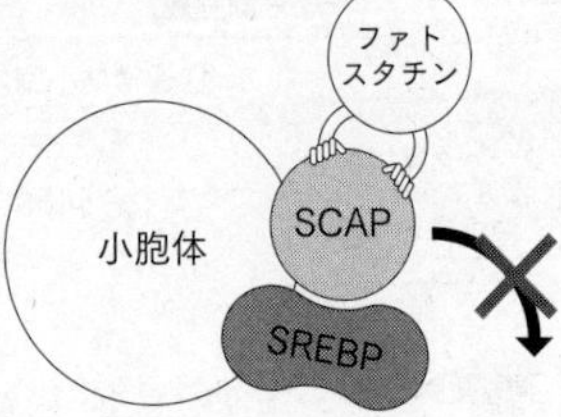

ファトスタチンはSREBPが
ゴルジ体へ移動するのを邪魔していた

です。

私たちの研究室でいろいろな実験を行なったところ、ファトスタチンはSREBPの経路に作用していることが確実になりました。そのとき、韓国人博士研究員が韓国で独立することになり、ファトスタチンの研究に日本人博士研究員が加わりました。

彼らが精力的に細胞生物学や生化学の実験を行なった結果、ファトスタチンはSREBPの活性化プロセスを抑制していることがわかりました。SREBPが小胞体からゴルジ体に移動するときに、SCAPという別のタンパク質が運び屋になっています。ファトスタチンはそのSCAPという運び屋タンパク質に結合して、SREBPがゴルジ体へ移動することを邪魔(じゃま)していたのです（右上図）。ゴルジ体へ運ばれないとSREBPは酵素によって切断されず、核に移動して遺伝子を活性化することができません。この結果、ファトスタチンは脂質を合成するための酵素の遺伝子の活性化を抑えるのです。短く言えば、ファトスタチンは脂肪合成をもとから絶つ化合物と考えられました。

私たちは肥満のモデルマウスにファトスタチンを注射してみました。何も投与しない状態だと、肥満マウスは食欲減退を知らずたくさん食べて、どんどん太ります。

ところがファトスタチンを投与すると、過食による肥満が抑制されました。肥満マウスでは糖尿病や脂肪肝などが見られましたが、これらもファトスタチン処理により改善されました。

完全な合成化合物で、SREBPを阻害する化合物はファトスタチンが初めて。この合成有機化合物は、メタボリックシンドロームを理解する研究に役立つと考えられます。

実際、今では研究用の試薬として世界で販売されています。さらに、新しいファトスタチンの類似化合物であるFGH10019が合成され、アメリカのFGHバイオテックという会社で医薬品候補として開発されています。この化合物は口から飲むことができて、マウスでファトスタチンと同様の効果が見られます。治療薬としては、重症の脂肪肝に有効かもしれません。

天声人語に戻りましょう。

この天声人語は大変良く書けているのですが、ひとつ不正確なところがあります。この口から飲むことができるFGH10019がうまく応用されても、「朝から焼き肉、深夜にカツ丼」はできません。

この化合物は、糖質から脂質を体内で合成することを抑制しています。ですから、脂肪そのものを摂れば脂肪は蓄積します。脂肪は少ないがカロリーの高いあんころ餅ならば、たくさん食べてもFGH10019を飲めば脂肪はつかないかもしれません。

化合物の研究をしていると、どんな研究に連れて行かれるかわかりません。私たちはもともと脂肪の体内合成を研究していたのではないのです。思わぬ研究分野に入ったときに、学生時代の講義内容や若いときに聴いた講演内容が、急に自分の研究にかかわってくることがあります。

SREBPについては、ハーバード大学で博士研究員をしているときに、テキサス大学のゴールドスタイン教授の講演を拝聴しました。先に述べたように、ゴールドスタイン教授はSREBPの発見者です。

みなさんも、ずいぶん昔に仕掛けておいた仕掛けに大きな魚がかかるかもしれません。チャンスがきたときに逃さないように気をつけましょう。

まつ毛が伸びる化合物は医薬品か化粧品か

女性の美への追求は凄まじい。この講義でも紹介した「遺伝子を残すために仕組まれた本能」のひとつなのでしょう。美しくなれば、より優れた男性と巡り合い、子をなし、自分の遺伝子が存続するというわけです。

特に、まつ毛の手入れは涙ぐましい（笑）。マスカラでまつ毛を濃く、長く見せ、それで間に合わなければ、つけまつ毛をつけます。中には次ページのような宿題のアイデアを出してきた女学生もいます。いかに、まつ毛の手入れに時間がかかっているかがわかります。

そんなみなさんに朗報があります！

脂質と言えば、一般にみなさんは悪いことばかりしている物質だと考えがちです。本当は、脂質は細胞と外界を分ける膜を作ったり、脂質からいろいろな物質を体内で生産しています。エネルギーを蓄えておく脂肪以外にも、多くの役割を果たしています。私たちの

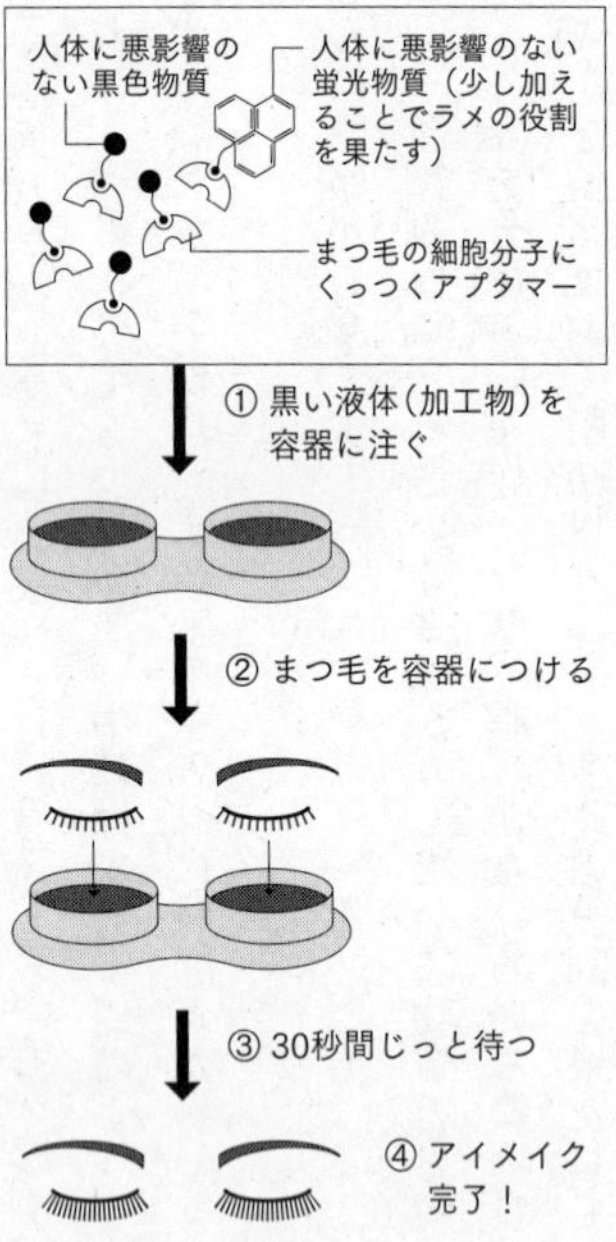
人体に悪影響の
ない黒色物質
人体に悪影響のない
蛍光物質（少し加え
ることでラメの役割
を果たす）
まつ毛の細胞分子に
くっつくアプタマー
① 黒い液体（加工物）を
容器に注ぐ
② まつ毛を容器につける
③ 30秒間じっと待つ
④ アイメイク
完了！

身体にとって脂質はとても大切な物質なのです。

脂質由来の物質のひとつが、プロスタグランジンです。これは血圧や眼圧（がんあつ）の低下、血管拡張、筋肉収縮、発熱や痛覚の伝達など多彩な役割をしています。この化合物は脂質から生体内で合成されます。その合成に重要なひとつの酵素、シクロオキシゲナーゼはアスピリンなどの抗炎症剤によって阻害されます。だからアスピリンによって発熱や痛覚が妨げられる（熱が下がり痛みが引く）のです。

プロスタグランジンやその類似化合物は、さまざまな医薬品に使われています。たとえば、緑内障薬（りょくないしょう）のルミガンがそうです。緑内障は眼圧が高くなっている病気。ルミガンはプロスタグランジン類似化合物の働きによって眼圧を下げます。2001年にアメリカで緑内障薬として認可されました。

ところが臨床（りんしょう）現場で不思議なことが起こりました。この薬を点眼（てんがん）すると、副作用としてまつ毛が長くなると言うのです。ルミガンの発売元であるアメリカのアラガン社(Allergan)が278人の患者を対象に4カ月間にわたって追加試験を行なったところ、78%の患者でまつ毛が伸びる効果を確認しました。アメリカでは、何らかの疾病（しっぺい）に認可されている薬物であれば、医師の判断で他の疾病にも処方できます。ルミガンを美容目的の患者に処方する医師も現われました。

ここで新たな問題が出てきました。

化粧品と医薬品の境界がハッキリとしていないことです。古典的な化粧品は身体に塗って、身体を覆うことで外見を良く見せるものです。身体の性質、機能、構造を変えてしまうものは医薬品として安全性や効用について厳しい審査が必要ではないか——。

マスカラはまつ毛に塗って、まつ毛を長く太く見せるものです。これは化粧品。しかし、まつ毛自身を伸ばし、その薬効成分は医薬品と同じである場合、これは本当に化粧品なのでしょうか。このような疑問にもかかわらず、アラガン社はまつげを伸ばすという美容目的で、アイブラシ付きの商品「ラティース」を販売し始めました。米国の規制当局は、ルミガンには長い使用実績があり、重篤な副作用が確認されていないことなどから、最終的には美容目的での販売を許可しました。

化粧品と医薬品の違いは確かに不明確になってきています。化粧品の中には美白効果、美肌効果、痩身効果をうたうものがあります。これは身体表面に塗るだけでなく、身体の機能や構造を変えていると考えれば、医薬品と同じです。化粧品の分野はこのようにグレーゾーンになってきました。

化粧品と医薬品はもともと違う分野でした。でもそれは昔の考え方です。昔の人たちが決めたことです。もともと違う分野の境界線に新しい世界があるのかもしれません。

考えてみれば、グレーゾーンは他にもたくさんあります。昔は、バーとスナックには明らかな違いがありました。バーでは接待はしてはいけません。バーカウンター越しにビールをグラスに注いではいけません。隣に座ってもいけません。風俗営業法違反です。女性による客の接待には認可を得る必要があります。ガールズバーは境界線にある商売ですね。

うーん、これは例が悪かったかもしれませんね。グレーゾーンのアイデアを一般化すれば、両極端を忘れるということです。禅で言うところの「両忘」です。貧富を忘れる、生死を忘れる。両極端の考え方から自らを解放してみましょう。

両極端への執着を忘れると、その間にある新しい世界が見えてくるかもしれません。これまで別の2つの分野だったものの境界線に新しいアイデアがあるのです。

アイデアの出所

アイデアの出所はさまざまです。少し変わったアイデアの出所の話をしましょう。『死者の悪口を言うな』（ジョン・コリア）というイギリスの短編小説があります。この短編には、ある考え方が隠されています。

話の筋はこうです。イギリスの田舎町に、不細工だけど人の良い医者が住んでいました。その医者が地下室の床にセメントを塗っていると、村人が訪ねてきます。

「先生、何をしているのですか？」

「地下水が出てきたんで工事していたんだ」

「おかしいですね、この辺の土地ではそんなことは起こりません。おや、ずいぶん深く掘ったのですね」

村人は不思議そうな顔をし、医者の奥さんが不在であることに気づきます。「奥さんは？」と尋ねれば、隣町のスレーター夫妻のところへ遊びに行ったと答えます。

「スレーター夫妻？　そんな人、隣町にはいませんよ」

村人のいろいろな問いに対して、医者は納得のいかない答えを返すのでした。そこで村人はハッと気づくのです。

「先生、何ていうことをなさったのだ。確かに奥さんは尻軽な女で、どんな男とも浮気する。先生がカッとするのも無理はありません。大丈夫です。何も見なかったことにします。奥さんは町から出て行ったと証言をしてあげます」

村人は奥さんがいかに悪女だったかを語り、殺してしまうのも仕方がないと医者を慰めるのでした。村人が去った後、医者は意気消沈して地下室で座り込んでしまいます。そこに〝奥さん〟が帰ってくるのでした。

「汽車に乗りそこなったの。車で送ってちょうだい」

「ここに戻ってくるのを、誰かに見られたかい？」

「いいえ、どうして？」

「いや、ちょっと地下室にきてくれ。もう一度工事をやり直すんだ――」

この短編の考え方を一言で言えば、勘違いがもととなって現実になることがあるということです。

童話作家・コミック原作者の木村裕一（きむらゆういち）氏にも同じような経験があると言います（木村裕一『きむら式　童話のつくり方』）。むかし『ルームメイト』という映画がありました。そのタイトルだけを聞いて、「ルームメイトが友だちと言いながら心の中ではけっこう微妙な感情を抱いている、というような話だろう」と木村氏は思ったのです。実際に映画を観てみると勘違いでした。しかし、その勝手に想像した内容は『月の裏側』という作品になっています。

同じように、人工甘味料の発見では、偶然や間違いが発見の発端となっています。ここでは2つの人工甘味料の話をしましょう。2つともお馴染（なじ）みの人工甘味料です。

偶然や間違いから生まれたアイデア

1960年代、米国のある製薬会社では、胃潰瘍薬の研究をしていました。胃からは多くのペプチドが分泌されていて、その中には胃酸の分泌に関係するものがあるかもしれません。そう考えて、胃から分泌される短いペプチドのひとつを研究室で合成していたそうです。ブルースがペプチドの固相合成法のアイデアをノートに書き留めたのが1959年。1965年の時点ではまだこのペプチドは通常の方法で合成していました。

1965年のある夕方、その合成を担当している研究者が帰宅し、紙を取るために指をなめました。彼は甘い味を感じました。

「コーヒーブレイクのときに食べたドーナツかな」と考えました。しかし、コーヒーブレイクの後にトイレに行ったはずです。トイレではもちろん手を洗います。いろいろと考えをめぐらした後に、彼はひとつの推論に達します。

「今日、研究室で化学合成した化合物ではないか――」

その日は、ペプチドの中間体（途中まで合成できた化合物）を合成したところでした。その化合物が甘いのかもしれません。

翌日、彼はその中間体を少量なめてみました。その化合物はとんでもなく甘い味のする物質だったのです。20年後、この化合物（アスパルテーム）は１０００億円売れる化合物となるのです。砂糖よりも１８０倍甘い物質です。

この発見で大切なのは、翌日に研究室で化合物をなめていることです。話の中で言ってしまえば簡単ですね。しかし、自分がその身になってみると、化合物をなめる勇気があるでしょうか？

私ならできます。その論理はこうです。次ページのアスパルテームの構造を見てください。

アミノ酸が連なったペプチドです。ということはタンパク質を食べるのと同じことで、体の中でアミノ酸に分解されるはず。構造式から判断して、安全そうだということがわかるのです。唯一気になるのは末端のメチルエステル部分です。体内で分解されると、メタノールが発生します。メタノールは身体に良くないことは昔から知られています。アスパルテームを大量に食べると良くないかもしれません。

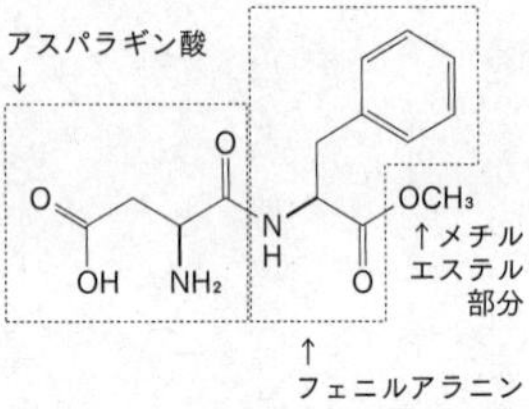

アスパルテームの構造

もうひとつの例を話しましょう。

1975年、ロンドンの大学にインド人の研究員がいました。彼は電話で研究の指令を受けます。

"Prepare a sample of a sucrose derivative for ***testing***."（スクロースの誘導体を**試験するため**に作りなさい）

ところが彼はこれを次のように聞き間違えます。

"Prepare a sample of a sucrose derivative for ***tasting***."（スクロースの誘導体を**味見するた**

めに作りなさい）

スクロース（ショ糖）は甘味料で、砂糖の主成分です。当時その研究室では、スクロースの8個ある水酸基（−OH）をすべて塩素（Cl）に置き換える研究をしていました。塩素はまた別のものに簡単に置き換えることができるので、塩素化した化合物からさまざまな化合物を作ることができます。インド人研究者がなめてみたのは、8個の水酸基（−OH）のうち4個を塩素に変換したものでした。

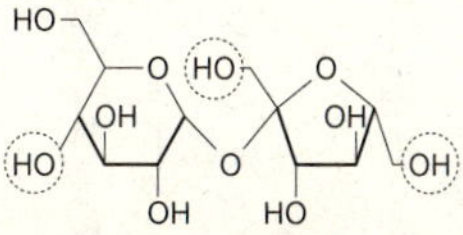

スクロース
（ショ糖）

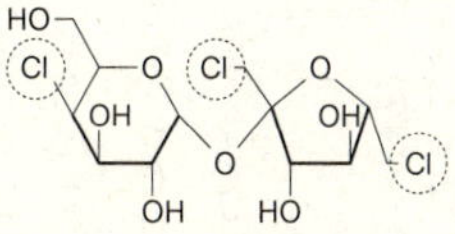

スクラロース

スクロースとスクラロースの構造

塩素を含んだスクロース誘導体を網羅的に調べたところ、3個の水酸基を塩素に換えた化合物がもっとも甘く、スクロース(角砂糖)の600倍の甘さを示しました。この化合物はスクラロース(スプレンダ)と名づけられ、今では4000以上の食べ物や飲み物に利用されています。

スクラロースの発見では、指示を聞き間違えたことが発見の発端となりました。この講義を受講して、同じようなことが起こるかもしれません。講義内容を誤解して、その誤解が現実のアイデアとなるかもしれませんね。そんなアイデアの出し方もあるのです。

第7講はここまでです。

ところで、これまで宿題をしてきて、思いませんでしたか? アイデアを頭で考えるのと、ペンをとって実際にそのアイデアを紙に描いてみることは違います。描いてみることで、考えは明確になります。正確になることもあります。そうすれば、問題点も見えてきます。

これからもアイデアが浮かんだら絵に描いてみてください。常にペンを持ち歩いて、メモ帳やスマートフォンに書き込みましょう。書き込むところがなければ、レストランのナプキン、ラーメン屋の箸袋、雑誌の裏に描いてみましょう。

それでは、最後の宿題を出します。

「7講までの講義内容をもとにして研究のアイデアを練り、そのアイデアをイラストで表わしなさい」

Lecture

第8講

癌とウイルスを抑えるアイデア

クロメセプチンに刷り込まれた伯父の思い出

毎年、6月1日に「豆ご飯」を食べます。実家も親戚も、海外にいようが国内にいようが、嬉しいことがあっても悲しいことがあっても、6月1日は「豆ご飯」です。

昭和20年6月1日早朝、18歳だった伯父は、大阪市港区八幡屋（現在の海遊館付近）の家から祖父と共に仕事に出かけました。祖母、伯母、当時小学生だった私の父を含めた家族は田舎に疎開し、伯父と祖父、男2人の大阪暮らし。

その日も「安治川の渡し」に乗り込み、河口で幅が広くなった川を渡ります。祖父は日立造船桜島工場（現ユニバーサル・スタジオ・ジャパン）で船を造り、伯父は学徒動員として住友化学で爆弾に火薬を詰めていました。

この日は深呼吸したくなるような晴天で、汗が流れる陽気だったそうです。始業して間もない午前9時半ごろ、B29が458機飛来し、工業地帯の港区・此花区・大正区を主に焼きました。爆薬を製造する住友化学も主な標的のひとつでした。

「爆弾を作っているところへ爆弾が落ちてくると大変なことになるんや」

私が小学生だったころ、伯父は酒を飲むと、私だけにそっと秘密を語るかのように繰り返し話すのでした。安治川には内臓を出した死体が浮かび、もちろん渡し舟は出ません。男、女、妊婦、老人、子供、あらゆる死体を飛び越え、西九条(にしくじょう)の橋を渡り、弁天町(べんてんちょう)を回って家に辿(たど)りついたときには、我が家はすっかり灰と煙になっていました。

祖父の行方は知れず、家も家財も灰。呆然(ぼうぜん)と道に立っていると、隣の風呂屋のおかみさんが新聞の包みをくれました。「あんたのところのお母さんには世話になったから……」。開けてみると豆ご飯のおにぎりが2つ。渇いた口に頰張(ほおば)ると、なぜか涙が出るのでした。泣きながら食べた豆ご飯——それ以来、6月1日に豆ご飯を食べる習慣ができました。豆ご飯は、贅沢(ぜいたく)な食べ物ではなくなりました。しかし、この習慣は親戚中で続けられ、6月1日だけ昭和20年の初夏を味わいます。

阪神ファンの伯父は、阪神が優勝した昭和60年の翌春に、肝臓癌で血を吐いて他界しました。そのときに私は考えたのでした。「いつか肝臓癌の研究をしよう」

この思いつきが、昭和20年から59年経った2004年に不思議な体験をもたらすことになります。

私の研究室で発見した化合物のひとつに、クロメセプチンという合成化合物がありま
す。この化合物は特定の肝臓癌細胞の増殖を抑えます。
クロメセプチンを見つけた当時、私の研究室はアメリカにありました。２００４年に一
時帰国し、住友製薬（現・大日本住友製薬）でクロメセプチンについて講演したときのこ
とです。住友化学の敷地内にある住友製薬へ向かうため、大阪環状線西九条駅の改札を出
て、タクシーを拾いました。
「春日出の住友にお願いします」
「ハァ？　どこですか？」
「春日出の住友化学の中にある住友製薬まで、お願いします！」
「すんませんなあ。左の耳、聴こえませんのや」
見れば、かなり年配の運転手で、左耳はケロイド状態でした。
「それこそ住友化学です。戦時中、学徒動員で爆弾詰めてました。爆弾詰めてるところに
爆弾が降ってきましてなあ。弟は死にました。私は命からがら逃げたんです」
思わずシートから身を起こしました。昔の親友に道端で出会ったような懐かしさ、鼻の
奥がツンとする感覚、昔の映像が一瞬にして頭の中を通り過ぎるようにも感じました。

ある大先生は「研究は個性だ」と教えてくれました。個性的な化合物の研究をしなければいけません。個性の源泉は人生経験。個性を生かした化合物は、その人の人生が刷り込まれたタイムカプセルになります。クロメセプチンには、伯父の思い出が刷り込まれていました。

そんな思い出はタイムカプセルの宝物のように、ときどき人生の中で顔を出すのです。今回は科学者が生み出した抗癌薬と抗ウイルス薬を紹介します。このような薬の開発には研究者の秘めた思い出が詰まっていることがあります。その前に、宿題の講評を先にしてしまいましょう。

宿題講評 6
Homework Review

癌に集積する化合物

その宿題にはこう書いてありました。

「父が癌なので、どのような癌にも結合し、可能であれば退治できるようなRNAを見つけたい」

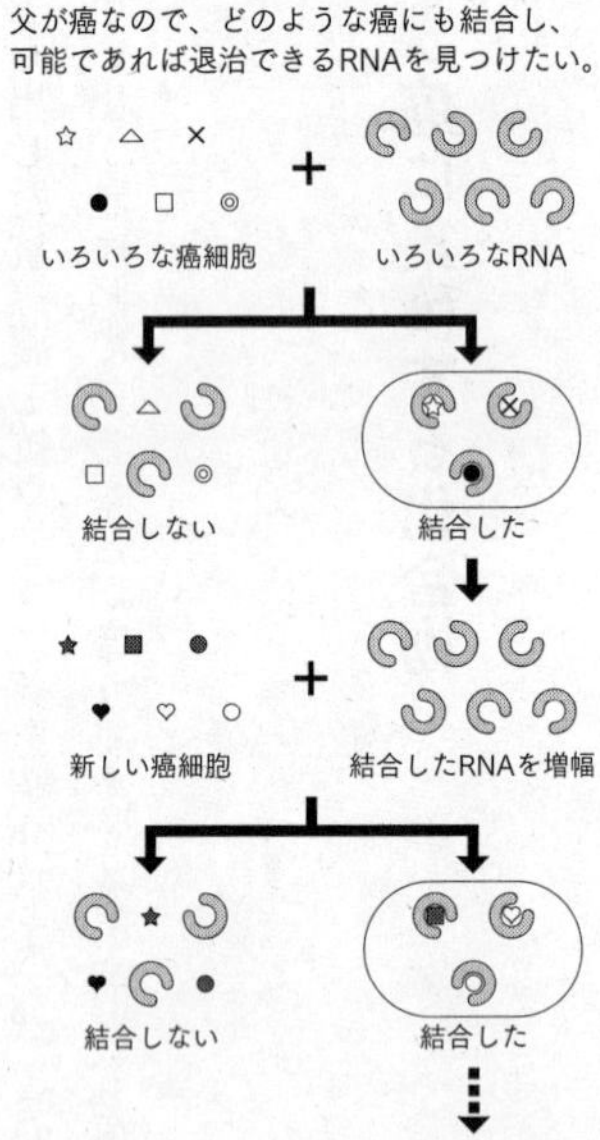

これは実際に研究が行なわれました。デューク大学のブライアン・クラリー博士らの研究グループが２０１０年に発表しています。

まず、肝臓癌を持ったマウスに、ＲＮＡライブラリーを注射します。しばらくして、癌を外科的に取り出し、ＲＮＡを回収し、それを逆転写酵素でＤＮＡとしてＰＣＲで増幅させます。これをRNAに変換して、肝臓癌を持ったマウスに注射します。この方法を14回繰り返していくと、肝臓癌に選択的に集積するRNAが見つかったというのです。

実は同じような方法がファージディスプレー法（P202）で行なわれていました。その考え方は、ラホヤ癌研究所のルオスラティ博士が思いついた方法です。

まず、ペプチドライブラリーを提示したファージを準備します。このファージを、癌を患ったネズミに投与します。しばらくして、癌をネズミから回収します。

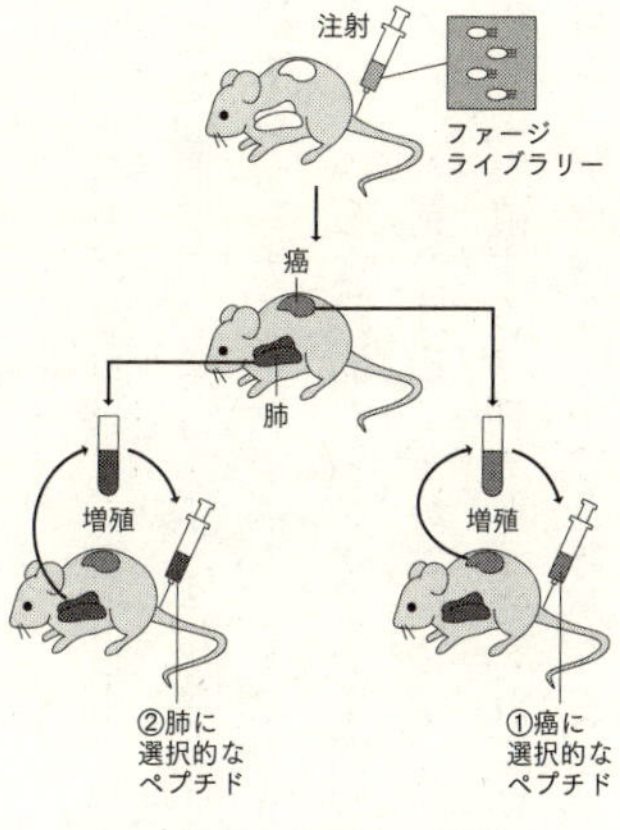

マウスを使って肝臓癌に選択的に集積するRNAを見つける

この癌の中に微量に存在するファージを回収し、増やします。そして、また癌を患ったネズミに投与します。また癌を回収して、ファージを増やし……という具合に繰り返すと、図の①のような癌に集積するペプチドを見つけることができるのです。同じように、癌ではなくていろいろな臓器からファージを回収すれば、図の②のような臓器に選択的に集積するペプチドも見つけることができます。

今では、いろいろな臓器や癌に集積するペプチドが知られています。それらのペプチドに薬をくっつければ、癌や臓器に選択的な薬ができあがります。

癌とウイルスの共通点とは？

では、いよいよ最後の講義に入りましょう。最終講義は、癌とウイルスを抑えるアイデアです。なぜ、この2つを同時に取り上げるのかわかりますか？　実はこの2つは、ある意味で似ているのです。

癌は一言で言えば、増殖が止まらない細胞の病気です。ヒトの身体は数十兆個の細胞が集まってできています。これらの正常な細胞の増殖は厳密に制御されています。ところが、一部の細胞の中で遺伝子に異常が起こって、増殖が止まらなくなると、腫瘍になります。単に細胞が増えるだけならば良性腫瘍ですが、これが他の組織に転移するようであれば、悪性腫瘍と呼ばれ、死に至ります。

いっぽうで、ウイルス病も増殖する病気です。ウイルスの基本構造は、タンパク質の殻

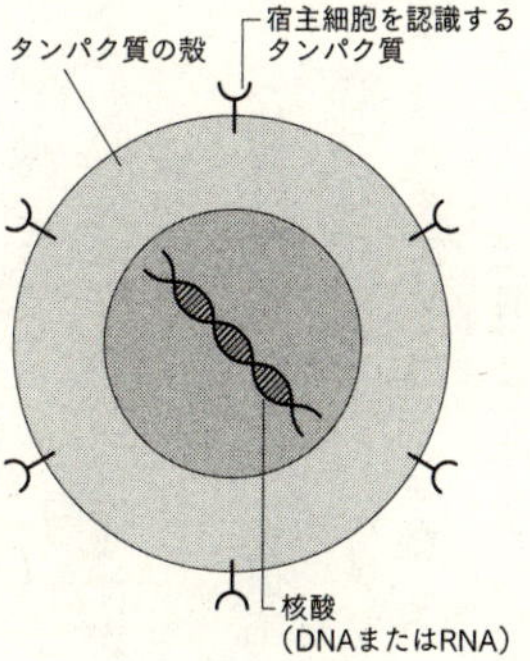

ウイルスの構造

とその中に入った遺伝子（核酸）です。

ヒトの遺伝情報はＤＮＡとして保存されていますが、ウイルスの場合はＤＮＡとＲＮＡ両方の場合があります。

いずれにせよ、殻に入った遺伝情報（核酸）に宿主（この場合はヒト）の細胞を認識するタンパク質が生えただけの構造体です。

ウイルス自身は生き物とは言えません。なぜなら、ウイルス自身では増えることができないからです。自分でエネルギーを作ることもできません。生き物の細胞に完全に寄生して、増えていきます。表面にある認識タンパク質によって生き物の細胞に入り込んで、生き物の細胞の中にある仕組みを乗っ取り、自分の遺伝情報をコピーし、子孫を増やすのです。

癌とウイルスに共通なのは「異常な速さの増殖」です。すでにお話ししてきたように、生命の本体はＤＮＡです。ＤＮＡが増えなければ、細胞やウイルスは増えることができません。ＤＮＡが増えることを化合物で抑えてしまえば、その化合物は抗癌剤や抗ウイルス剤になるのです。

細菌や癌の増殖を抑える方法

ここでひとりの女性科学者のお話をしましょう。

ガートルード・エリオン女史は、ユダヤ人の移民の子としてニューヨークで育ちました。1933年、お祖父さんを胃癌で亡くします。彼女は科学者になって病気を征圧しようと考えました。1937年にニューヨーク市立大学を卒業し、後にニューヨーク大学で修士号を与えられます。そのころ、婚約者を感染症で失います。科学で病気を征圧しようとする気持ちはさらに高まるのでした。

当時はアメリカといえども性別による差別が横行していました。女性という理由で博士課程に進むことを拒まれたのです。博士の学位を持たず、バローズ・ウェルカム社（後のグラクソ・スミスクライン社）で働き始め、薬の開発に従事します。

これまでの抗癌剤、抗菌剤、抗ウイルス剤は、試行錯誤の末に見つけられたものが多く、論理的に設計された薬剤ではありませんでした。エリオン女史は、人間の正常細胞と癌細胞の違い、人間の正常細胞と菌・ウイルスなどの病原体の違いに着目し、癌や病原体をより選択的に死滅させる方法を発明しました。この業績により１９８８年にノーベル生理学・医学賞を受賞しています。

エリオン女史は６つの医薬品を世の中に出しています。製薬会社で研究者として携わる化合物が医薬品になる可能性は極めて低い。現在では製薬会社に勤めても、運が良くて人生でひとつ医薬品が出せるかどうかです。６つの医薬品を世の中に出すことがいかに突出しているかがわかります。

エリオン女史が着目したのは核酸の「にせもの」です。癌やウイルスなどの病原菌は高頻度で増殖します。その増殖を止める手っ取り早い方法は、核酸の合成、ＤＮＡの合成を止めることです。しかし、正常な細胞もある程度増殖しています。単にＤＮＡの増殖を止めるだけでは、副作用が重篤になります。何らかの方法で、癌やウイルスに選択的になるように設計しなければなりません。

ひとつの例がこれです。アシクロビルと言います。ヘルペスウイルスや水痘・帯状疱疹ウイルスの治療薬です。日本では大正製薬からヘルペシア軟膏として販売されています。

次の図の構造をよく見てください。デオキシグアノシンというDNAのパーツによく似ています。糖の部分が不完全になっています。これがDNAに組み込まれるとこれ以上DNAは伸びることができません。つまり、DNAは複製が止まり、ウイルスは増殖できなくなります。

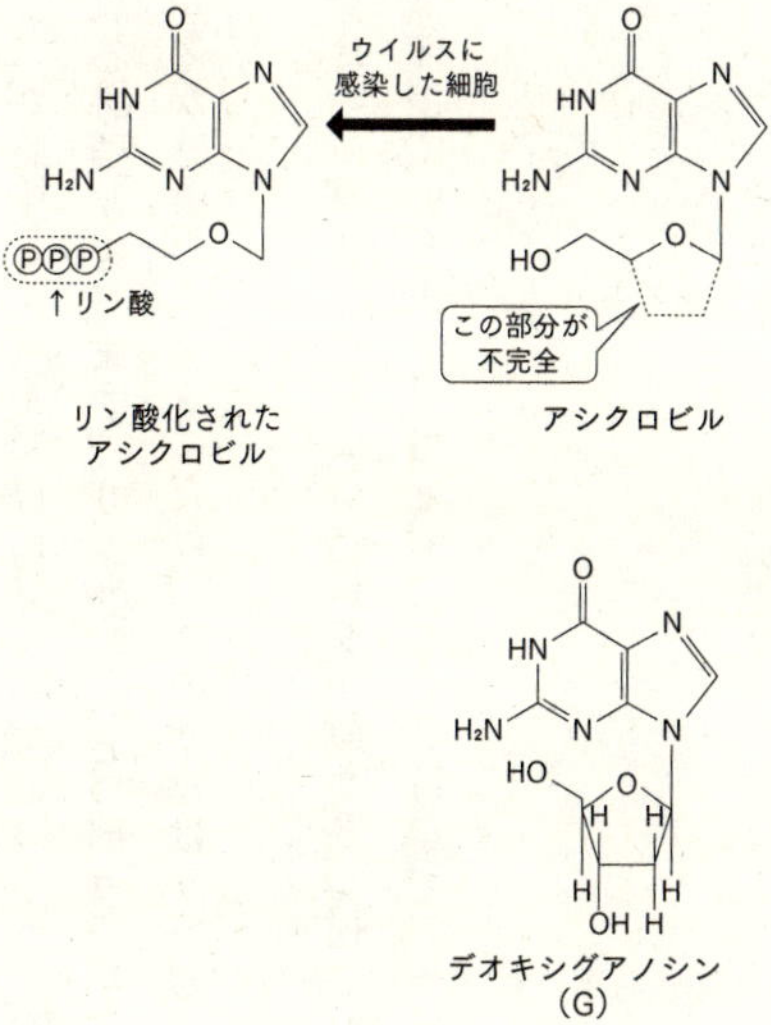

アシクロビルとデオキシグアノシン
の構造はよく似ている

なぜ、ウイルスが感染した細胞だけに効くのでしょうか。DNAに組み込まれるためにはリン酸化される必要があります。リン酸基（Pの部分）がなければ、DNAとつながりません。ウイルスが感染したときにだけ、この薬物はリン酸化されることが知られています。

通常はこのデオキシグアノシン（G）にリン酸が3つ付いた化合物がDNAに組み入れられてDNAは伸びていきます。Gと対になるのはCでしたね。だから、Cの反対側に組み込まれます。

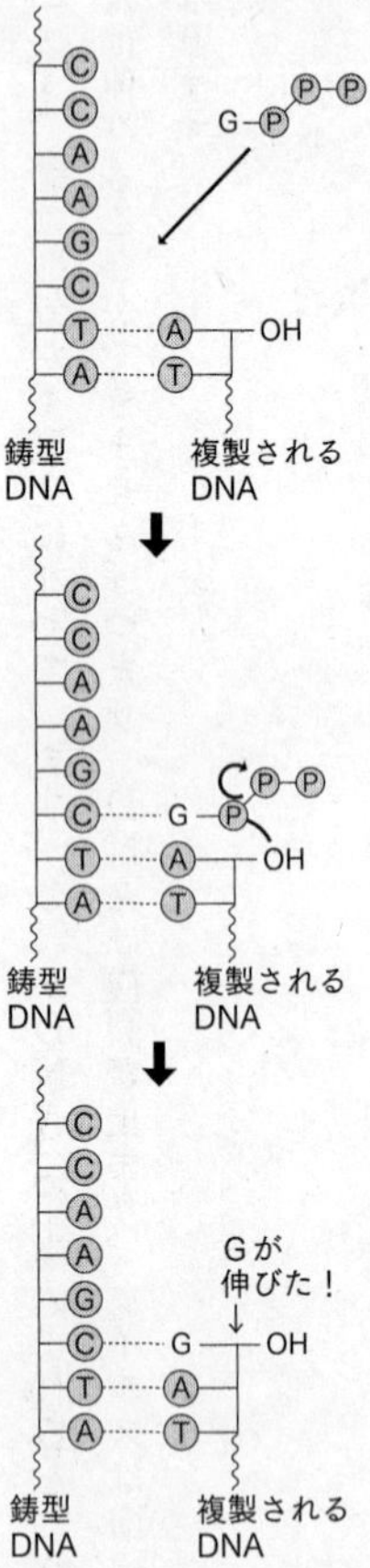

通常のウイルス感染の場合

いっぽう、アシクロビルにリン酸が3つ付いた化合物がDNAに組み入れられると、糖の一部が欠けているので、それ以上DNAは伸びなくなり、DNAは複製できません。アシクロビルにリン酸が3つ付いた化合物は、感染した細胞だけで生成するので、感染した細胞だけがDNAを複製できず増殖できなくなります。うまくできていますね。

この方法は言わば生体のシステムを「だます」方法。DNAのパーツによく似たものを作って、取り込ませています。

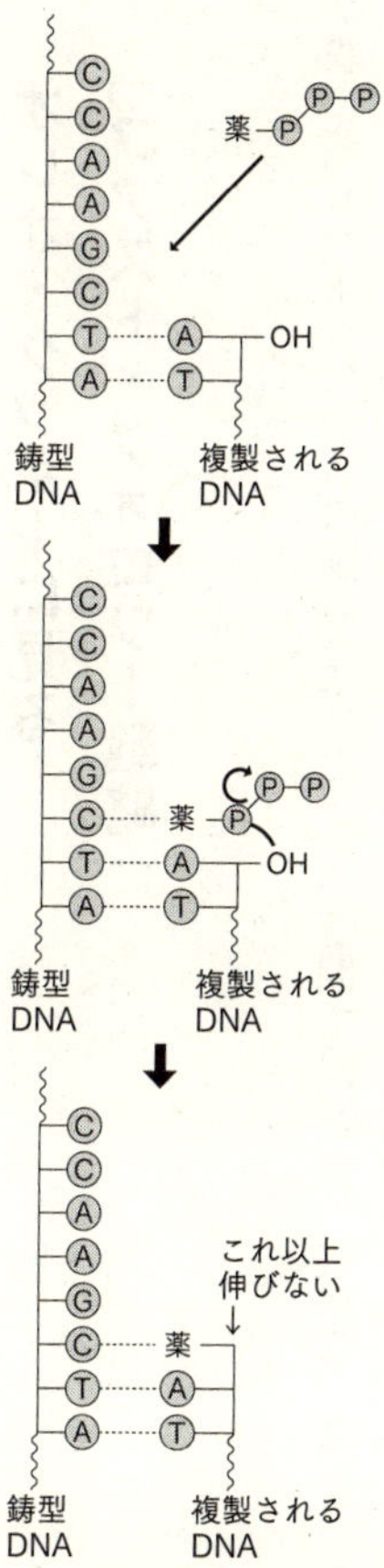

アシクロビルの場合

オレオ・クッキーに見る「ファスト・フォロワー戦略」

7講で話したように、この講義では「この1週間で気がついた面白いこと、驚いたこと」を宿題のおまけとして書いてもらっています。そのひとつに、こんなことを書いてきた女学生がいます。

夜にどうしてもオレオ・クッキーが食べたくなりました（そんなときがありますよね！）。近所の100円ショップに行くと、140gのオレオと65gのオレオが売られていました。65gの方を買う人はアホだなと思って、140gの方を買って友だちに見せたのです。

「それ、オレオじゃないんちゃう？」

「……！！」

アホは私でした。

ちなみに商品名は「クリームオー」。パッケージはオレオブルー。パッケージ、中身共にオレオそっくり！　その後、両方買って食べ比べてみると味などは若干違ってたけど、単独で食べたらどっちもオレオです。

生物界では毒を持つ派手な色の生き物に姿を似せる擬態（ぎたい）というのがありますが、これはまさにその応用ですね。「商業的擬態」と名づけます。

クリームオー、やるな……！

面白い洞察（どうさつ）ですね。この件について、秘書の中島と調べました。次ページの写真をご覧ください。右側がクリームオーです。

オレオよりも少し雑な作りでしょうか。このクッキーはベトナム産で、ベトナムのハノイでもオレオと並べて販売されていました。

オレオは人間の歴史の中で最も多く販売されたクッキーです。黒と白のコントラスト、チョコレートとクリームの絶妙の取り合わせ――ミルクによく合う昔ながらの味です。このベストセラーをまねたものが、実はたくさんあります。

オレオ（左）とクリームオー（右）はそっくりだけど……

中国には「ボリオ」や「黒白黒」、韓国には「カメオ」や「オリオリオ」があります。

「世の中はまねばかりだな。やっぱり、オレオは美味しい。本物は違うなあ」とみなさんは思うかもしれません。ところが、調べているうちに重大な事実が判明しました。

オレオもまねだったのです。

フォーチュン誌1999年3月15日号によれば、オレオの元となったクッキーは「ハイドロクス（Hydrox）」と言います。見た目はオレオとまったく同じ。この名前は純粋な水、つまり水素（hydrogen）と酸素（oxygen）から生まれたという意味が込められています。この商品は1908年に販売され、それに触発されてオレオが1912年に販売されます。やはり、オレオは模倣品です。

模倣品がオリジナル品よりも売れる——同じようなことが製薬業界ではよくあります。それを戦略にする製薬会社さえ多数あります。この戦略を製薬業界では**「ファスト・フォロワー戦略」**と言います。つまり、早くマネをすることです。

まったく新しい新薬を開発する戦略は**「ファースト・イン・クラス戦略」**と言います。この新薬が成功することをいち早く察知してまねをすることが「ファスト・フォロワー戦略」です。

「ファースト・イン・クラス戦略」で作った新薬は、今まで治らなかった病気を治す薬。賞賛に値します。しかし、不治の病を治すために急いで作ったために、何らかの欠点がつきものです。たとえば、口から飲めず注射しなければならない、1日に何回も服用しなければいけない、副作用がある、などです。

この欠点を「ファスト・フォロワー戦略」で克服できれば、この戦略で作った薬はもとの新薬よりも結果的によく売れるのです。「ファスト・フォロワー戦略」で作る薬はまねです。元となる薬の特許をうまく擦り抜けているものの、やはり模倣品です。でも売れます。

この「ファスト・フォロワー戦略」の薬がよく売れると、さらにそれをまねする薬が出てきます。この薬は**「スロー・フォロワー」**と呼ばれます。ファスト・フォロワーの薬に比べ、このまねのまねが尊敬の念をもって受け入れられることは稀です。

しかも、市場はすでに埋めつくされ、入る余地がなくなっていることも多くあります。こうなれば、価格競争となり、全体の売り上げが縮小します。「スロー・フォロワー」はうまい戦略とは考えられていません。

みなさんの中に、インフルエンザになって「タミフル」を飲んだ人はいますか？（約半数の生徒が手を挙げる）

あれは、よく効きますね。普通の風邪になったときよりもスパッと治ることがよくあります。

実はタミフルもファスト・フォロワーなのです。

世界で最初に開発されたインフルエンザ治療薬

東京・新宿のハイアットリージェンシー・ホテル――。最上階のパーティー会場では翌日から始まる国際シンポジウムの講演者がグラスを手に談笑していました。太陽は西に傾き、一面のガラス窓の外を見れば、夕日のオレンジ色よりもビルの窓灯りの方が際立つようになっていました。

遅れて会場に入った私の目の前に、シャルドネが注がれたワイングラスを手に紳士と淑女が英語で楽しそうに談笑しています。

ひとりは友人の女性教授S女史でした。もうひとりの紳士は知らない外国人でした。その中に入り、3人で輪になって冗談と世間話で盛り上がりました。一息ついて私は2人に訊いたのです。

"By the way, how did you know each other? (ところで、お2人はどうやって知り合ったの?)"

“We just met here 10 minutes ago!（ここで10分前に知り合ったばかりだよ！）”

2人があまりにも打ち解けて話をしているので、てっきり前からの知り合いかと思いました。

落ち着いた冷静な話しぶりの中にも愛嬌（あいきょう）と相手を思いやる温かさを感じる——その外国人紳士には、そんな砂鉄を引きつける磁石のような魅力がありました。翌日、3人はお互いの講演を聴くことになります。それで気がついたのでした。

この人こそ、世界で最初のインフルエンザ治療薬リレンザ（化合物名はザナミビル）を開発したマーク・イズステイン教授だったのです。

リレンザは、世界で最初に開発されたインフルエンザ治療薬。グラクソ・スミスクライン社により販売されています。

リレンザをまねて、タミフルは作られました。リレンザとタミフルがどのようにしてインフルエンザ治療薬になるのでしょうか。それを説明するためには、インフルエンザの感染の仕組みを理解する必要があります。

インフルエンザ感染の仕組み

ウイルスが感染するためには、細胞の表面にくっつくことができなければなりません。ウイルスの表面には、細胞を認識するタンパク質があります。ウイルスが細胞に接触すると、そのタンパク質が細胞表面にある何らかの物質を認識して、結合します。この細胞表面にある物質をウイルスに対する**レセプター**と呼びます。ウイルスが感染するかどうかは、そのウイルスに対するレセプターを細胞が持っているかどうかで決まります。

インフルエンザウイルスのレセプターはシアル酸糖鎖です。次ページの図を見てください。これは気道（鼻から肺までの空気の通り道）表面の細胞に多く存在しています。

感染のメカニズムは、こうです。ウイルスの表面にあるヘマグルチニンというタンパク質がシアル酸糖鎖に吸着し、細胞内部へ侵入します。細胞内に侵入したウイルスは、そこで一旦分解されて、内部からウイルス核酸を出します。遊離したウイルス核酸は、細胞内のDNAに組み込まれて、乗っ取った細胞の酵素を利用して、大量に複製されます。そし

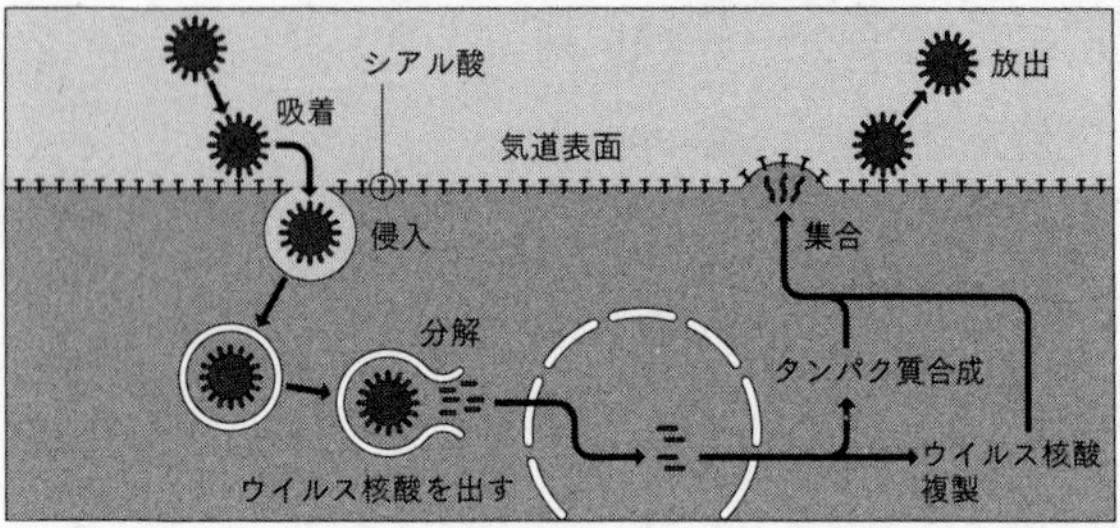

ウイルス感染のメカニズム

て、そのウイルス核酸が設計図となっているウイルス独自のタンパク質は、乗っ取った細胞の中で大量に合成されます。別々に大量生産されたウイルス核酸とウイルス独自のタンパク質は細胞内で集合し、細胞から放出されます。

あなたはこのウイルス感染のメカニズムを見て、どのようにしてウイルスの感染を防ごうとしますか？

このメカニズムを見てわかるように、ウイルスの感染と増殖は、乗っ取った細胞の仕組みを利用して行なわれています。これを薬物で阻害すると、細胞の働きまで阻害してしまいます。ウイルス独自の作用だけを阻害しなければなりません。

インフルエンザウイルスの表面にあるヘマグルチニンが細胞表面のシアル酸糖鎖に吸着する過程を阻

害すれば、ウイルスの感染は防げます。でもこれは誰でも思いつくアイデアです。実際、この方法を多数の科学者が考えました。しかし、インフルエンザ薬になったのは、別の考え方でした。

インフルエンザウイルスの表面には、実は2つの重要なタンパク質があります。ひとつは、先に述べたヘマグルチニン（HA）というタンパク質です。細胞表面のシアル酸糖鎖に吸着して感染を開始します。

もうひとつは、ノイラミニダーゼ（NA）というタンパク質です。ニュースを見ていると、インフルエンザウイルスの分類でH1N1型やH3N2型などと呼んでいますね。Hはヘマグルチニン（HA）で、Nはノイラミニダーゼ（NA）のことです。

リレンザやタミフルはこのノイラミニダーゼを阻害しています。細胞内で増えたインフルエンザウイルスは、細胞から放出されなければなりません。

しかし、ヘマグルチニンが細胞表面のシアル酸に結合するので、離れようとしてもなかなか離れず、もう一度感染してしまいます。ノイラミニダーゼはシアル酸を切断する酵素です。シアル酸を切断することで、同じ細胞に再び感染するのを防ぎ、新しいウイルスは放出されます。

リレンザはシアル酸の構造を模倣して合成されました。構造式を見てください。よく似ています。

リレンザはインフルエンザウイルスが感染した細胞から放出されるのを阻害します。つまり、増殖を抑制します。感染初期（発症後48時間以内）に使うと有効です。この薬は、口から飲めません。リレンザはドライパウダーを吸入して使います。インフルエンザウイルスは、主に気道より感染し、ウイルスは増殖し、発症します。これを抑えることができます。１９９０年に発売が開始されました。

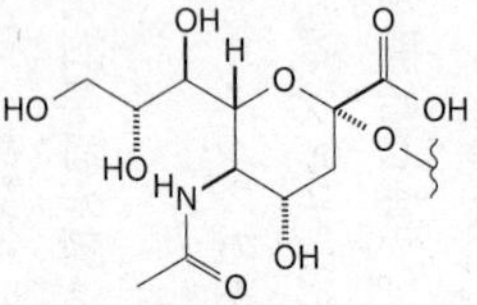

シアル酸

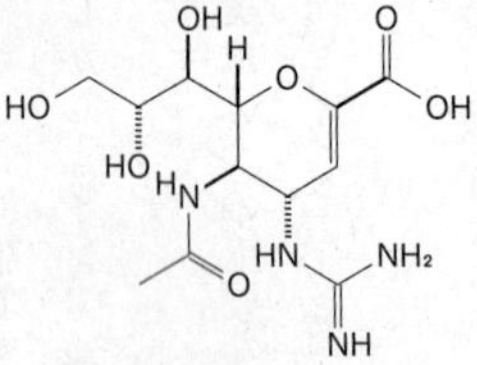

リレンザ
（ザナミビル）

シアル酸によく似ている
リレンザの構造

経口(けいこう)のおかげで格段に使いやすくなったタミフル

リレンザは吸入するので即効性はありましたが、口から飲めないので使いにくかったという欠点がありました。

リレンザをまねて、経口(けいこう)投与できるインフルエンザ薬「タミフル」が開発されます。経口投与なので、気軽に利用できます。やがてオレオ・クッキーのように、この後発の薬の方が人気の高い薬となります。

次ページにあるタミフルの構造を見てください。リレンザとよく似ていますが、単純化されています。この単純化によって、口から飲める薬となりました。

タミフルは1996年に米ギリアド・サイエンシズ社が開発しました。今では、スイスのロシュ社がライセンス供与を受けて販売しています。日本ではロシュグループ傘下の中外製薬が製造輸入販売元です。

タミフルは先に述べた「ファスト・フォロワー戦略」の典型でしょう。リレンザは画期的な新薬でした。しかし、急いで作ったので、万人にとっての使い勝手がよくありませんでした。小さなカプセルを口から飲めて効果の持続するタミフルは、格段に使いやすい薬です。

「ファスト・フォロワー戦略」は私たちサイエンスをする学者の間では、あまり賞賛される戦略ではありません。しかし、ビジネスの世界では有効な戦略です。他の分野でも同じような考え方はあるのでしょうか。

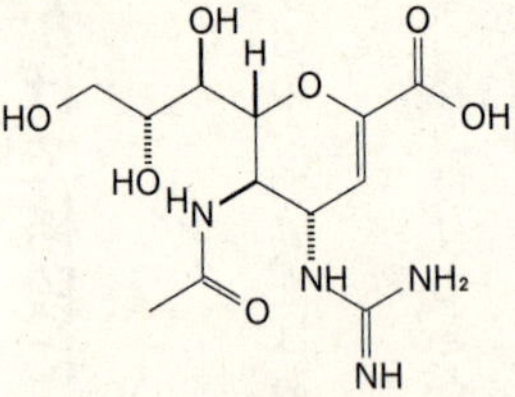

リレンザ

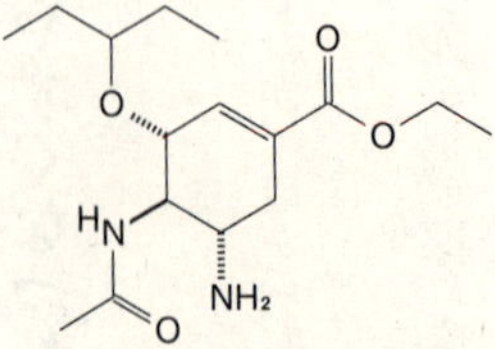

タミフル

リレンザとタミフルの構造はよく似ている

『展覧会の絵』は作曲者の存命中は演奏されなかった

音楽の世界でも、同じようなことがあります。私が知る中では、ロシアのムソルグスキーが作曲しラヴェルが編曲した『展覧会の絵』です。

1870年ごろ、ムソルグスキーはヴィクトル・ハルトマンという画家と友人になります。1873年、ハルトマンは動脈瘤（どうみゃくりゅう）が原因で急死。ムソルグスキーは親友のひとりとしてひどく落胆したようです。ハルトマン未亡人のための資金援助のために、遺作展がサンクトペテルブルク美術アカデミーで開催されました。そのときの10枚の絵画の印象を曲にしたのが『展覧会の絵』でした。

しかし、この曲はムソルグスキーが生きている間に演奏されることもなく、楽譜は出版もされませんでした。1881年、ムソルグスキーはアルコール依存症と生活苦から衰弱して他界しました。彼の死の5年後に『展覧会の絵』のピアノ譜が出版されます。それでも、その曲が世間に広く知られることはありませんでした。

ムソルグスキーの死から40年経った1922年、フランスのラヴェルがこのよく知られていなかった曲を管弦楽へとアレンジしました。このラヴェルの編曲によって、『展覧会の絵』は一気に世界的に知られるようになりました。

その出だしは日本人ならば誰でも知っています。あのファンファーレのようなトランペットによる管弦楽曲の開始――このプロムナードと呼ばれる出だしのメロディーは、10枚の絵を象徴する曲の合間にも挿入されます。ムソルグスキーがひとつの絵画から別の絵画へ移動するために歩いている様子を表現していると言われています。「オーケストラの魔術師」と呼ばれるラヴェルは、『展覧会の絵』のオリジナル版に新しい命を吹き込み、万人の感情を揺さぶる管弦楽曲にしたのです。

ムソルグスキーの作曲した『展覧会の絵』とラヴェルが編曲した『展覧会の絵』は、ハイドロクスとオレオ、リレンザとタミフルのような関係にあります。ラヴェルの『展覧会の絵』はあくまで編曲であり、作曲ではありません。しかし、原曲よりも多くの人たちに親しまれています。『展覧会の絵』はラヴェル以降も何度もたくさんの人たちによって編曲されていますが、製薬業界の場合と同様、ラヴェル以上受け入れられることはありません。それはまねのまねになるからです。

サイエンスの世界ではオリジナルなアイデアが最も重要視されます。この講義では、アイデアを出すことを主題にしています。アイデアを出して新しい世界を切り開くのがみなさんの使命です。しかし、社会に出る前に頭の隅に記憶しておいてほしいのは、テクノロジー、ビジネス、そして音楽の世界では、Fast Follower（早いまね）が受け入れられることもあるということ。そして、Slow Follower（遅いまね）、つまりまねのまねが敬意をもって受け入れられることは、どんな世界でもないということです。

理科＝自然科学＝人間の研究

みなさんが小学生のときに慣れ親しんだ「理科」という科目は、英語で「サイエンス」と訳されていることがあります。これは正しくありません。

第2講で言いました。「科学」つまり「サイエンス」というのは、考え方です。理解したことを人に説得する方法です。これは理科系の学問だけの考え方ではありません。経済学、人文学、社会学などの文系の学問でもサイエンスの方法を使います。

日本で一般に「理科」と呼んでいる科目は、自然の仕組みを理解して説得する学問です。正しくは、「自然科学（Natural Science）」と言います。

「ああ、なるほど、自然の研究なんだな」と、みなさんは思いますね。その通りです。しかし、よく考えてください。自然の中には謎がたくさんあります。自然科学では、その謎のうちで「人間が面白いと思ったものだけ」を研究しています。

哲学者ヒュームが『人間本性論』で説いたように、どのような事象も、人間がどのように認識しているかということを基本にしています。私たちは人間を中心にして自然の研究をしているのです。人間が興味を持っている自然現象を解明し、生物学では人間が不思議に思っている生き物の現象を理解します。化学では、人間が興味を持つものだけを作っています。

自然の研究と言いながら、実は人間の研究なのです。

人間は何に興味を持っているのでしょう。自然科学は、半分、人間が何に興味を持っているかの研究でもあります。人間の興味や幸せを考えてみれば、チャンスのきっかけも見えてくるのかもしれません。

私がこの話を学生にするとき、いつも「回光返照（えこうへんしょう）」という禅語を思い出します。外に向かって探究しようとする心を、自分自身に向けてみる——光の方向を逆にして自分に光を照らしてみるということです。

自然という「外」のものを探究するときに、その自然を理解しようとしている人間自身に眼を向けて考えてみると、ちょっぴり新しいアイデアが生まれてチャンスがつかめるかもしれません。

世の中で流行していることを調べ上げて、その流行を追う商売を始める人がいます。それもひとつのやり方ですが、一旦その商売をする自分自身の興味も考えてみましょう。少し違った切り口で商売ができるかもしれません。

それにしても、人間の興味は将来どんな方向に行くのでしょうね。

人間は今後、どのような現象に興味を持って、それらの問題をどのようにして克服していくのでしょうか。克服すれば、どのような技術革新が生まれるのでしょうか。

ドラえもんが机の引き出しから現われるようなことがあれば、是非（ぜひ）それを訊いてみたいと思うのです。

エピローグ

冬が終わり、春がくる。哲学の道に桜が咲く。

そのころに、時計台の向かいにある建物の講義室でこの講義を始めた。学生は、５月の連休の狭間(はざま)に講義に出席しなければならないこともあれば、梅雨(つゆ)の雨に濡れながら教室に通わないといけないこともある。そして、７月の祇園祭(ぎおんまつり)が終わり、最終回の講義を終える。黒板を消し、チョークのついた手を払いながら、考えた。

「大学の講義というのは推理小説に似ているのではないか」

サボりぎみだった私でさえも、京都大学でいろいろな授業を受けた。有機化学、生化学、薬剤学、薬理学、分析化学……。しかし、どの講義を聴いても、どういった場面でその知識が自分に役立つのか実感がなかった。研究をするようになって、「ああ、あのときに習ったな」と思う場面によく出くわした。

推理小説には必ず伏線がある。伏線は犯人を当てるヒント。２８５ページで判明する犯人が２８４ページで初登場することはなく、伏線は推理小説の始めに敷くのが定石。優れた推理小説では、何気なく読んでいると気がつかないように伏線は仕掛けられている。探偵が謎解きをするときになって初めて「ああ、あの表現が伏線（ヒント）だったのか」と思うことがある。

典型的な推理ドラマを見ると、話の筋とは関係ないと思われる事柄が物語の最初に起こったり、妙に詳しく解説されることがある。それは観光ガイドの言葉であったりして、何気ないことのように仕込んである。これが伏線になり、殺人トリックや犯人を解明するヒントになっていることが多い。

研究、開発、経営——新しいアイデアを出す商売をしている限り、たくさんの伏線が出てくる。ああ、このアイデアの考え方は、上杉先生の講義で習った方法だな——。この講義がそんな伏線となることを願う。

日本は近代化以降、西洋のまねをしてきた。いつも解答を見てから問題に取りかかることを多くやってきた。これからの日本は、解答を見ずに自分でアイデアを出して開拓しなければならない。

みなさんは新しいアイデアを出して、それを実行して、世の中を楽しく、住みやすいところにしてほしい。そしてできれば、人の職を横取りする人ではなく、アイデアを自分で出して新しい職を創り出す人になってもらいたい。

講義を本にするにあたって、複雑な化学式や化学の専門的な詳細を省いた。優れているが専門性の高いアイデアも除いた。京都大学の講義では英語表記や英語の専門用語を用いているが、本では極力日本語を用いた。難解かつ重要な部分を省いているものの、この本の内容が、みなさんが将来出すアイデアの伏線になればと願う。

最終回の講義は少し早めに終え、この講義を履修(りしゅう)してくれた学生を教室から見送る。がらんとした教室で、講義を受講して宿題を毎週出してくれた学生の顔をひとりずつ思い浮かべ、教室の蛍光灯を消した。

本書『京都大学　アイデアが湧いてくる講義』は、2014年4月、小社から単行本で刊行された『京都大学人気講義　サイエンスの発想法』を改題し文庫化したものです。

一〇〇字書評

切り取り線

購買動機（新聞、雑誌名を記入するか、あるいは○をつけてください）	
□（　　　　　　　　　）の広告を見て	
□（　　　　　　　　　）の書評を見て	
□ 知人のすすめで	□ タイトルに惹かれて
□ カバーがよかったから	□ 内容が面白そうだから
□ 好きな作家だから	□ 好きな分野の本だから

●最近、最も感銘を受けた作品名をお書きください

●あなたのお好きな作家名をお書きください

●その他、ご要望がありましたらお書きください

住所	〒				
氏名		職業		年齢	
新刊情報等のパソコンメール配信を 希望する・しない	Eメール	※携帯には配信できません			

あなたにお願い

この本の感想を、編集部までお寄せいただけたらありがたく存じます。今後の企画の参考にさせていただきます。Eメールでも結構です。

いただいた「一〇〇字書評」は、新聞・雑誌等に紹介させていただくことがあります。その場合はお礼として特製図書カードを差し上げます。

前ページの原稿用紙に書評をお書きの上、切り取り、左記までお送り下さい。宛先の住所は不要です。

なお、ご記入いただいたお名前、ご住所等は、書評紹介の事前了解、謝礼のお届けのためだけに利用し、そのほかの目的のために利用することはありません。

〒一〇一－八七〇一
祥伝社黄金文庫編集長　萩原貞臣
☎〇三（三二六五）二〇八四
ohgon@shodensha.co.jp

祥伝社ホームページの「ブックレビュー」からも、書けるようになりました。
http://www.shodensha.co.jp/bookreview/

祥伝社黄金文庫

京都大学　アイデアが湧いてくる講義
サイエンスの発想法

平成29年9月20日　初版第1刷発行

著　者　上杉志成
発行者　辻 浩明
発行所　祥伝社
〒101－8701
東京都千代田区神田神保町3－3
電話　03（3265）2084（編集部）
電話　03（3265）2081（販売部）
電話　03（3265）3622（業務部）
http://www.shodensha.co.jp/

印刷所　堀内印刷
製本所　ナショナル製本

Printed in Japan　© 2017, Motonari Uesugi　ISBN978-4-396-31718-8 C0140

祥伝社文庫

紅の馬 浮かれ鳶の事件帖

平成29年 9 月20日 初版第 1 刷発行

著 者 原田孔平
発行者 辻 浩明
発行所 祥伝社
東京都千代田区神田神保町 3-3
〒101-8701
電話 03（3265）2081（販売部）
電話 03（3265）2080（編集部）
電話 03（3265）3622（業務部）
http://www.shodensha.co.jp/
印刷所 堀内印刷
製本所 ナショナル製本
カバーフォーマットデザイン 中原達治

Printed in Japan ©2017, Kouhei Harada ISBN978-4-396-34352-1 C0193

購買動機（新聞、雑誌名を記入するか、あるいは○をつけてください）

□（　　　　　　　）の広告を見て	
□（　　　　　　　）の書評を見て	
□ 知人のすすめで	□ タイトルに惹かれて
□ カバーが良かったから	□ 内容が面白そうだから
□ 好きな作家だから	□ 好きな分野の本だから

・最近、最も感銘を受けた作品名をお書き下さい

・あなたのお好きな作家名をお書き下さい

・その他、ご要望がありましたらお書き下さい

住所	〒				
氏名		職業		年齢	
Eメール	※携帯には配信できません	新刊情報等のメール配信を 希望する・しない			

この本の感想を、編集部までお寄せいただけたらありがたく存じます。今後の企画の参考にさせていただきます。Eメールでも結構です。

いただいた「一〇〇字書評」は、新聞・雑誌等に紹介させていただくことがあります。その場合はお礼として特製図書カードを差し上げます。

前ページの原稿用紙に書評をお書きの上、切り取り、左記までお送り下さい。宛先の住所は不要です。

なお、ご記入いただいたお名前、ご住所等は、書評紹介の事前了解、謝礼のお届けのためだけに利用し、そのほかの目的のために利用することはありません。

〒一〇一－八七〇一
祥伝社文庫編集長　坂口芳和
電話　〇三（三二六五）二〇八〇

祥伝社ホームページの「ブックレビュー」からも、書き込めます。
http://www.shodensha.co.jp/bookreview/

一〇〇字書評

切り取り線

紅の馬